菌菇博物館

獻給我母親，薇。──凱蒂·史考特
獻給下一代的真菌學家！──伊斯特·蓋亞

菌菇博物館
Welcome to the Museum: Fungarium

作者·凱蒂·史考特（Katie Scott）、伊斯特·蓋亞（Ester Gaya）等 ｜ 譯者·周沛郁 ｜ 責任編輯·楊琇茹 ｜ 行銷企畫·陳詩韻 ｜ 總編輯·賴淑玲 ｜ 全書設計·陳宛昀 ｜ 校對·魏秋綢 ｜ 社長·郭重興 ｜ 發行人·曾大福 ｜ 出版者·大家／遠足文化事業股份有限公司 ｜ 發行·遠足文化事業股份有限公司　231 新北市新店區民權路108-2號9樓　電話·(02)2218-1417　傳真·(02)8667-1851　劃撥帳號·19504465　戶名·遠足文化事業有限公司 ｜ 法律顧問·華洋法律事務所　蘇文生律師 ｜ ISBN·978-986-5562-03-8 ｜ 定價·650元 ｜ 初版一刷·2021年04月 ｜ 初版二刷·2023年08月 ｜ 有著作權·侵犯必究 ｜ 本書僅代表作者言論，不代表本公司／出版集團之立場與意見 ｜ 本書如有缺頁、破損、裝訂錯誤，請寄回更換

First published in the UK in 2019 by Big Picture Press,
an imprint of Bonnier Books UK,
The Plaza, 535 King's Road, London, SW10 0SZ
www.templarco.co.uk/big-picture-press
www.bonnierbooks.co.uk

Text by:
Tree of Life, Ester Gaya; Gallery 1: What is a Fungus, David L. Hawksworth and Ester Gaya;
Sexual Reproduction, David L. Hawksworth and Ester Gaya; Asexual Reproduction,
David L. Hawksworth and Ester Gaya; Spores, David L. Hawksworth and Ester Gaya;
Growth, David L. Hawksworth and Ester Gaya; Ecosystem – Mountains, Laura M. Suz
and Kare Liimatainen
Gallery 2: Cup Fungi, Lee Davies; Mushrooms and Toadstools, Kare Liimatainen;
Bracket Fungi, Laura M. Suz; Gasteromycetes, Lee Davies; Foliicolous Fungi, Ester Gaya;
Ecosystem – Temperate Forests, Laura M. Suz
Gallery 3: Mycorrhizas, Laura M. Suz; Mycorrhizal Networks, Laura M. Suz;
Lichens, Ester Gaya; Entomogenous Fungi, Pepijn W. Kooij; Ants and Termites, Pepijn W. Kooij
Gallery 4: Early Mycologists, David L. Hawksworth and Ester Gaya; Plant Pathogens,
Tom Prescott; Poisonous Fungi, Lee Davies; Edible Fungi, Kare Liimatainen;
Wonder Drugs, Tom Prescott; Ecosystem – Tropical Forests, David L. Hawksworth
and Ester Gaya

With special thanks to Gina Fullerlove, Kew Publishing

國家圖書館出版品預行編目 CIP 資料

菌菇博物館/凱蒂.史考特(Katie　Scott)，伊斯特.蓋亞(Ester
Gaya)等作；周沛郁譯. -- 初版. -- 新北市: 大家出版, 遠足文
化事業股份有限公司, 2021.05
　面；　公分
譯自 : Welcome to the museum : fungarium
ISBN 978-986-5562-03-8(精裝)

1.菌類 2.真菌 3.通俗作品

379.1　　　　　109022272

菌菇博物館

繪圖／**凱蒂·史考特**（Katie Scott）

撰文／**大衛·L·霍克斯沃斯**（David L. Hawksworth）

勞拉·M·蘇斯（Laura M. Suz）、**佩平·W·科艾**（Pepijn W. Kooij）

、**凱爾·利瑪坦南**（Kare Liimatainen）、**湯姆·普萊斯考特**（Tom

Prescott）、**李·戴維斯**（Lee Davies）與**伊斯特·蓋亞**（Ester Gaya）

序言

真菌恐怕是地球上我們了解最少、誤解最多的生物。真菌和動物的關係比和植物更近，這類生物是維繫我們食物來源、健康、生態系和全球大氣化學的關鍵。真菌的生活方式和形態五花八門，有的小到只能從顯微鏡中窺見，有的則超級古怪。

真菌影響了我們生活中幾乎所有層面，而且無所不在。在你閱讀這段文字時，你也正在吸進空氣中的一些微型真菌孢子。少了真菌，我們所知的生命會是另一個模樣。森林和作物需要真菌才能欣欣向榮——少了真菌，枯木和落葉會一年年堆積，永遠不會完全腐化。牛羊和其他反芻動物的胃裡，都需要一些真菌來分解牠們吃的草。少了真菌，商店裡就沒有咖啡、茶和巧克力、各種乳酪、所有酒類和許多氣泡飲料、生物清潔劑、醬油、醋、各種菇和菇類製品等等。少了抗生素和其他真菌製造的藥品，我們的壽命也會縮短。但真菌也有缺點，有些真菌可能長在我們身體內外，殺死作物和樹木，讓食物腐敗，入侵我們的家園，甚至害我們中毒。

全球有二百二十萬至三百八十萬種真菌，人類已知的真菌種類僅占百分之五，到處都可能找到過去人類不曾知道的真菌——甚至在你家後院也可能找到。現在人們仍持續發現科學上的新物種，而且不只在遙遠的熱帶森林，在英國也一樣。過去幾年由於分子生物學研究，我們才發現真菌有多普遍。研究顯示，世上前所未見的真菌種類多得驚人，這些真菌是靠著DNA才為人所知。

大英帝國司令勳章得主，大衛・L・霍克斯沃斯教授
英國皇家植物園

入口

歡迎來到
菌菇博物館

現在學校裡很少提到真菌的事（甚至大學也是），真菌對許多人而言，仍然充滿未知。我們建構了一座專門的博物館，讓你探索神祕的真菌王國。在這本書裡，你會看到放大的微型真菌、進入動物體內、爬上山岳，也能一窺真菌居住的地下世界。

請來參觀展示室，了解為什麼真菌和動物的關係比較近，反而和植物比較遠。你能發掘真菌演化之謎，見識真菌超級多樣化的形狀和顏色：有些宛如外星人，近乎龐然大物，臭不可聞，但也有些美得不可思議。真菌的大小相差太多，所以本書的插圖並沒有按照比例尺繪製。有些真菌用顯微鏡才能看見，有些則大得驚人——英國皇家植物園有一株榆生黑孔菌的菌蓋周長大約五公尺（見26頁）！

你聽過可以控制昆蟲身體的「僵屍真菌」嗎？中藥材會用到的冬蟲夏草呢？在這間博物館裡，你可以發掘來自真菌最重要的救命藥物，其中有些藥物讓人類移植手術出現了革命性的變化。此外，這裡也會介紹食用真菌和一些堪稱世間珍饈的真菌，在西方生鮮超市裡找不到的種類可多了！不過可要小心，別忘了有些蕈菇可能要人命。

讓菌菇博物館帶你認識菌根網路的地下世界，它們可是陸地生態系的關鍵角色。

當你在菌菇博物館遊歷，進一步見識到真菌精巧的形態、生活方式、棲地，以及真菌對我們與這世界的重要性時，相信你一定會和我們一樣受到吸引，興奮著迷。

伊斯特‧蓋亞（Ester Gaya）博士
英國皇家植物園

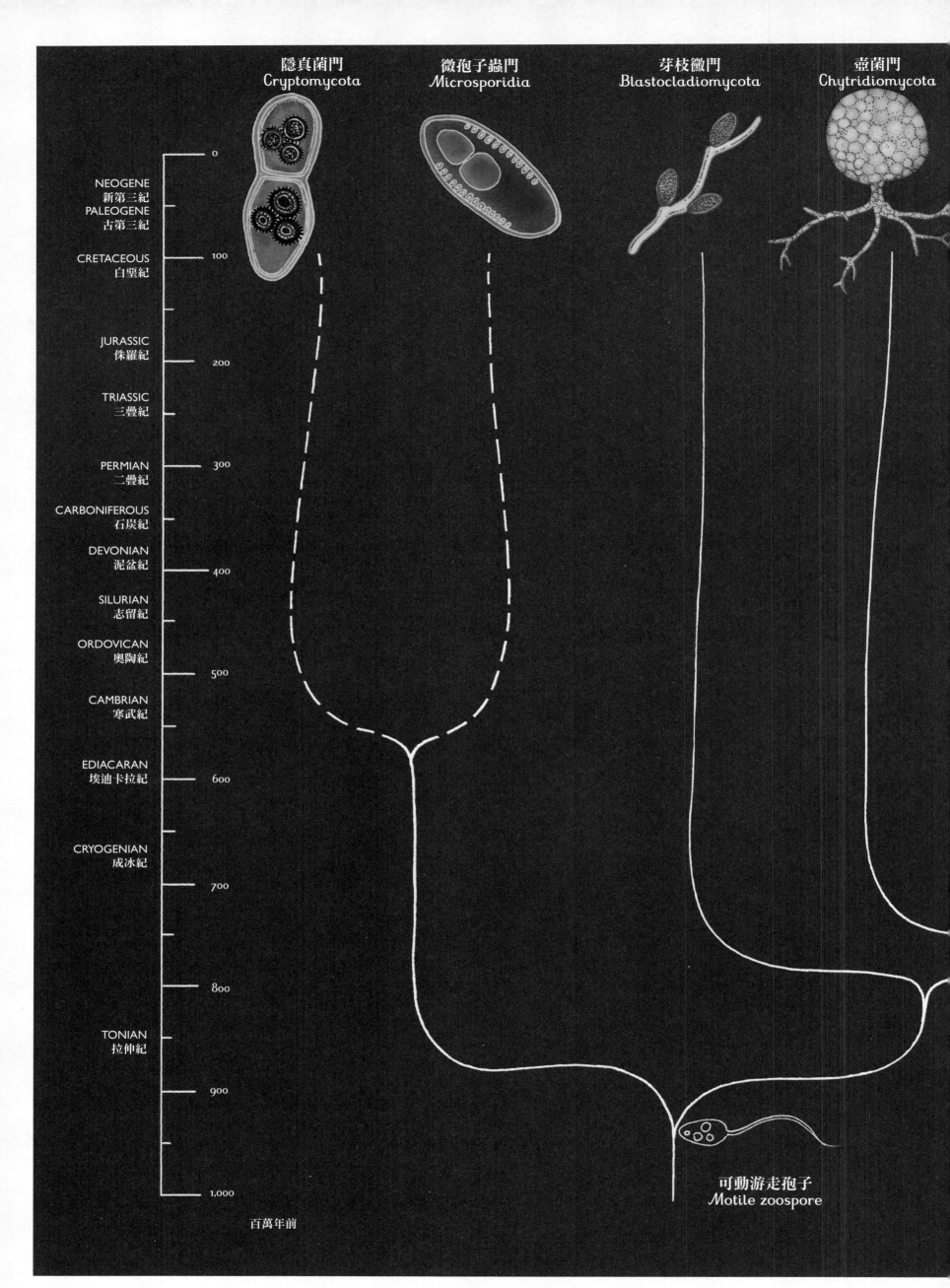

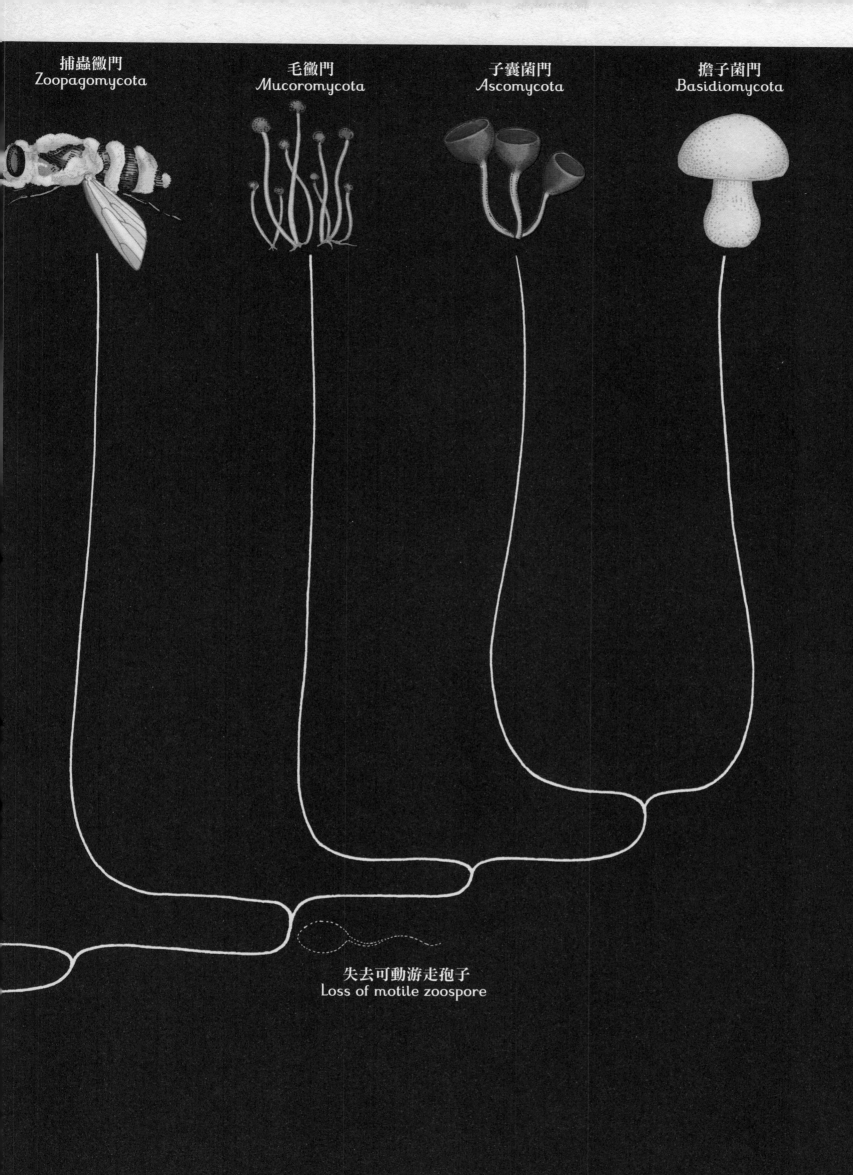

捕蟲黴門
Zoopagomycota

毛黴門
Mucoromycota

子囊菌門
Ascomycota

擔子菌門
Basidiomycota

失去可動游走孢子
Loss of motile zoospore

捕蟲黴門
Zoopagomycota

毛黴門
Mucoromycota

子囊菌門
Ascomycota

擔子菌門
Basidiomycota

生命樹

地球上的所有物種都有關係，在「生命樹」中和彼此相連。我們可以藉著重建生命之樹，得知演化史的故事。真菌的生命之樹是什麼樣子呢？

原來這個問題可不簡單，有時候外表相似的真菌，關係並不近。更大的問題是，還有一大部分的物種埋藏在地下或是其他生物的細胞中，有待發掘。無法準確了解現存真菌的多樣性和關係，就很難理解真菌界的來龍去脈。

辨別出DNA的異同，有助於了解真菌生命樹的分支要怎麼拼湊起來，也就能發現新的分支，例如幾丁質是真菌的一個關鍵特徵（見第8頁），過去科學家不認為早期稱為隱真菌門和微孢子蟲門的兩個群體含有幾丁質，然而DNA和透過顯微鏡做出的詳細研究證實不是如此。相對地，也有其他群物種經過證實不屬於真菌，包括露菌病菌（卵菌門）和黏菌（黏菌門）。

目前認為最早的真菌是生活在水中的簡單單細胞生物，大約在十億年前演化出來。那些真菌用可動的無性孢子（游走孢子）繁殖，用鞭子狀的構造（鞭毛）向前推進。其實現代的隱真菌門、壺菌門和芽枝黴門也具有一些相同的特徵。

真菌從水生演化成陸生，估計轉變大約發生在七億年前。最早在新環境演化的兩個群體是捕蟲黴門和毛黴門，它們都缺乏可動孢子。捕蟲黴門幾乎全都是病原體、寄生或偏利共生（住在動物或其他真菌的體表或體內而不造成傷害）。相較之下，毛黴門則和植物建立了聯盟關係。

在子囊菌門和擔子菌門這兩群真菌中，有些種類會形成極為複雜的產孢構造，這些真菌的演化大約發生於六億至七億年前。子囊菌門和擔子菌門的真菌涵括了絕大部分已知的真菌種類，總共約十四萬種，其中包括單細胞的酵母菌（具有大量多樣化的家系）和其他的微型真菌。

對真菌生命樹的研究方興未艾，發現真菌物種的速度愈來愈快，許多疑問隨之而生。我們的土壤、身體和水路中，正在展現真菌許許多多全新的「不可見維度」——也就是所謂的暗分類。真菌學家才剛開始探索這個未知的領域。

一號展示室

真菌生物學

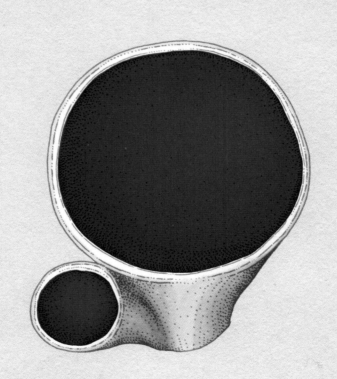

真菌是什麼

真菌和動物、植物一樣自成一界，但真菌界是目前所知最少的一界。人們持續發現新種類，但科學家認為我們所知不過是冰山一角，全球估計有二百二十萬到三百八十萬種真菌，至今才辨識出不到百分之五。

真菌過去被視為植物，由植物學家研究，著名的博物學家林奈在一七五三年將真菌納入《植物種誌》之中（參見48頁）。所以眾人時常難以相信真菌和動物的關係較近，和植物反而較遠。真菌的細胞壁就像昆蟲和甲殼動物的外骨骼，主要由幾丁質構成，這種物質類似人類毛髮和皮膚中的角蛋白。植物的細胞壁則含有纖維素。植物利用空氣中的二氧化碳、光和水，靠光合作用製造自己的食物。真菌和動物一樣，無法自己製造養分，動物攝取食物時會吞嚥食物，而真菌會分泌酵素，在體外融解食物，再吸收養分進細胞壁內。另一個明顯的差異是，動物會移動覓食，真菌則是朝食物生長。

真菌至少有八個門（八大群），不過有些研究者認為有高達十八個門，甚至更多！這八個門分別是：隱真菌門、微孢子蟲門、芽枝黴門、壺菌門、捕蟲黴門、毛黴門、子囊菌門和擔子菌門。有些最古老的真菌是單細胞，外觀完全不像典型的真菌。大部分常見的真菌都屬於子囊菌門和擔子菌門，會產生分隔菌絲（典型的真菌絲狀構造），其中包括蕈菇、酵母菌，以及和藻類共生形成地衣的真菌。

圖 片 解 說

1. 羅茲壺菌屬
學名：*Rozella sp.*
分類：隱真菌門
可動游走孢子
可動游走孢子具有附屬器官（鞭毛），可以游動，令人聯想到游動精子，這提醒了我們自己和真菌關係匪淺。

2. 浮游根生壺菌
學名：*Rhizophydium planktonicum*
分類：壺菌門
浮游根生壺菌是古老的真菌，主要生活在水和土壤中。這種真菌寄生的對象是淡水中星桿藻屬的單細胞微型矽藻。

3. 梨囊鞭菌
學名：*Piromyces communis*
分類：壺菌門
梨囊鞭菌存在於草食性動物的瘤胃和後腸。這些真菌產生的酵素能幫助動物消化植物細胞壁組成的纖維。壺菌通常是單細胞，用菌絲（假根）穿透寄主的組織。

4. 沙費爾貝爾瓦德菌
學名：*Berwaldia schaefernai*
分類：微孢子蟲門
孢子（孢子原細胞）
每個孢子都包覆在囊泡（儲存養分用的囊狀體）中，囊泡的薄外層是膜狀的鞘，由蛋白質和幾丁質組成，內層是管狀的構造（線圈狀的極管）。微孢子蟲門的真菌是單細胞生物，寄生於動物。

5. 匍枝根黴
學名：*Rhizopus stolonifer*
分類：毛黴門
和比較原始的真菌群比起來，毛黴門的構造比較繁複，會形成菌絲網絡，但不像子囊菌門和擔子菌門真菌通常具有分隔細胞的隔層。

6. 橙蓋鵝膏
學名：*Amanita caesarea*
分類：擔子菌門
這種家喻戶曉的真菌（見54頁）屬於擔子菌門的擔子菌綱。擔子菌綱真菌的微型細胞構造「擔子」上會形成孢子。

7. 達爾文菌
學名：*Cyttaria darwinii*
分類：子囊菌門
這個屬是高度演化的寄生真菌，只寄生在南青岡科的樹木上。子囊菌的細胞形成子囊，內部產生孢子。

8. 密枝瑚菌
學名：*Ramaria stricta*
分類：擔子菌門
這種擔子菌的外觀和典型的蕈菇不一樣。子實體有大量細長直立的分支，上面布滿孢子。

9. 聚篩蕊地衣
學名：*Cladia aggregata*
分類：子囊菌門
構成地衣的真菌大約百分之九十八屬於子囊菌門。石蕊屬真菌的形態特殊，葉狀體（真菌的菌體）布滿無數的孔洞，向上延伸。

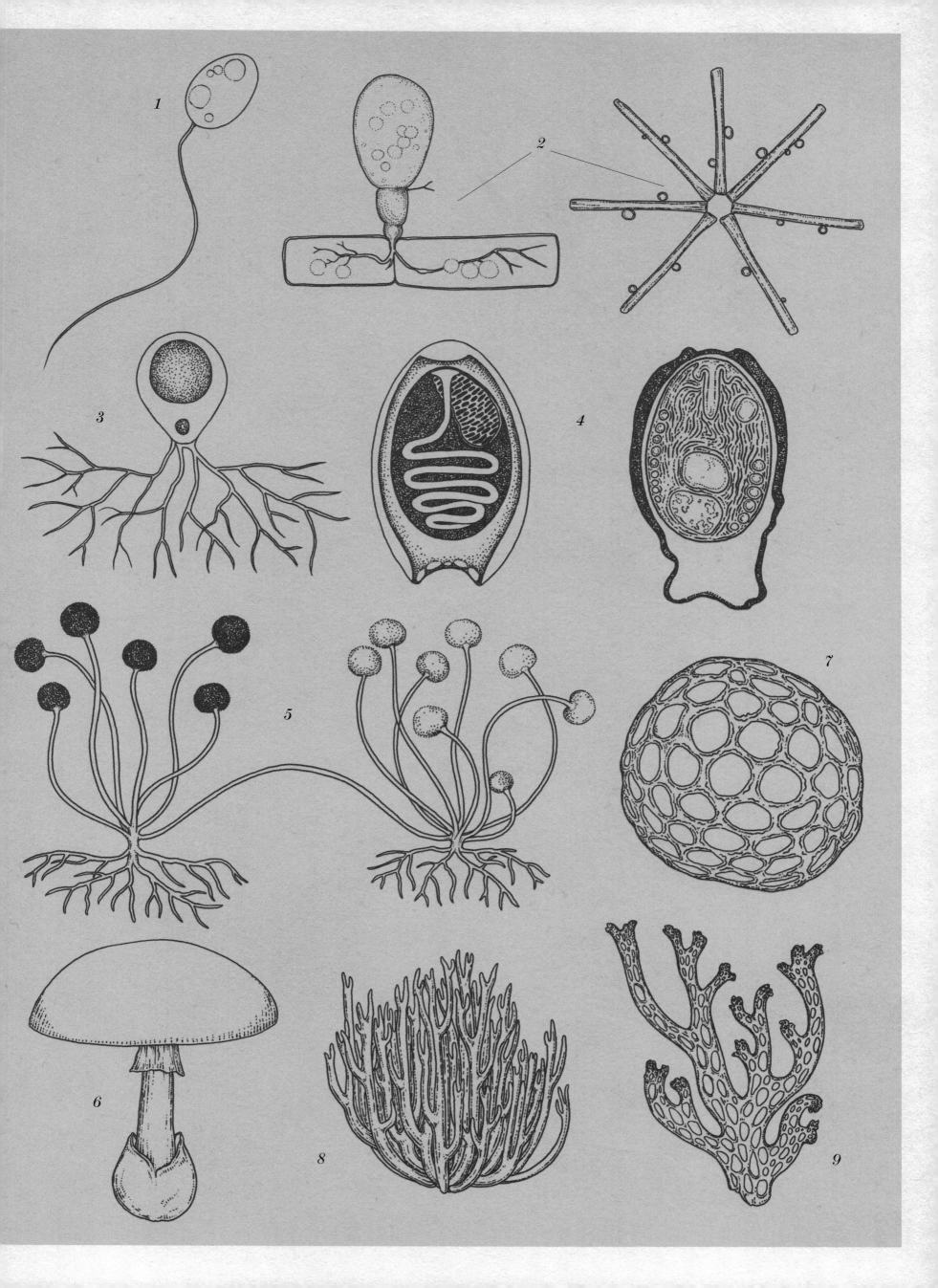

有性生殖

真菌的生殖能力非常特別，許多真菌既能有性生殖，也能無性生殖，這種情況對生物來說很罕見，過去有段時間造成不少困惑，因為真菌學家常常把不同的生殖型命名為不同物種。即使到了今日，科學家也可能必須用DNA才能辨別同種真菌的生殖「對」。

真菌的有性生殖只能用顯微鏡觀察。有性生殖發生時，兩個細胞核（由膜包圍的構造，其中含有細胞的遺傳物質）各有一組染色體（這是外觀如絲線的構造，其中含有DNA，包裹在細胞核中），必須融合在一起。這是複雜的過程，涉及細胞分裂、基因交換與重組。生物（包括真菌）這麼做，是因為有性生殖能確保遺傳多樣性，而遺傳多樣性是演化的基礎，最終影響到生存。融合的細胞核可能來自同一個體，或同物種的不同個體。細胞核融合之後，保存在特殊的細胞中，這些細胞會形成新的產孢構造。新的孢子會形成新的菌落。

子囊菌門和擔子菌門是真菌最大的兩個類，這兩門真菌的產孢細胞藏在構造中，分別稱為子囊果和擔子果。子囊菌的孢子（子囊孢子）在囊狀構造（子囊）中形成，從子囊中釋出的方式五花八門：子囊可能解體而形成一團孢子，或是像水槍一樣猛力把內部的孢子噴出。相較之下，擔子菌綱的孢子（擔孢子）在擔子中產生，卻在外部的一小個點狀構造（擔子柄）上發育。蕈菇則是在菌蓋下的菌褶上面形成擔子，孢子會被靈活飛濺的小水滴打中，像被子彈打中一樣——孢子通常只移動一點點距離，正好夠從菌褶上鬆脫（見14頁）。

圖 片 解 說

1.高溫洋菇（蘑菇）
學名：*Agaricus campestris*
a) 菇體成長發展，這是擔子菌門真菌子實體的眾多樣貌之一。菌蓋開展之後，菌膜破裂，暴露出的菌褶會釋放出孢子。
b) 菌褶放大圖，顯示擔子柄上的擔子和擔孢子。

2.接黴屬
學名：*Zygorhynchus sp.*
a) 菌絲融合成接合孢子囊的過程
b) 形成接合孢子囊和接合孢子
這種真菌具有獨特的生殖系統。兩條菌絲以性伴侶的角色相遇，用管狀菌絲接合，在接合孢子囊中長出厚壁而抵禦能力強的孢子（接合孢子）。

3.滴流花耳
學名：*Dacrymyces stillatus*
這種真菌通常是橙色凝膠狀，擔子獨特，呈叉狀分支，產生臘腸狀的孢子。

4.紫多孢銹菌
學名：*Phragmidium violaceum*
這種真菌的生活史複雜，具有有性、無性時期以及不同類的孢子型。帶柄的孢子（冬孢子）含有一排四個細胞，各有兩個細胞核。冬孢子細胞發芽時，雙核會融合，細胞分裂之後產生擔子。

5.木炭角菌
學名：*Xylaria hypoxylon*
這種真菌和大部分的子囊菌一樣，子囊中有八個孢子。孢子具有發芽縫（此處的細胞壁薄，縱貫孢子）。子囊的形態多樣，不同分類群的子囊結構和散播方式都有差異。炭角菌屬真菌的子囊有特殊的頂端構造，從那裡釋放孢子。

6.犬地卷
學名：*Peltigera canina*
這種地衣產生的子囊有特殊的孢子散播方法。釋放孢子時，子囊壁和外層裂開，內層的頂部厚層物質擴張，形成脣狀的構造（喙）。釋放孢子之後，內層就像手風琴一樣回到原位。

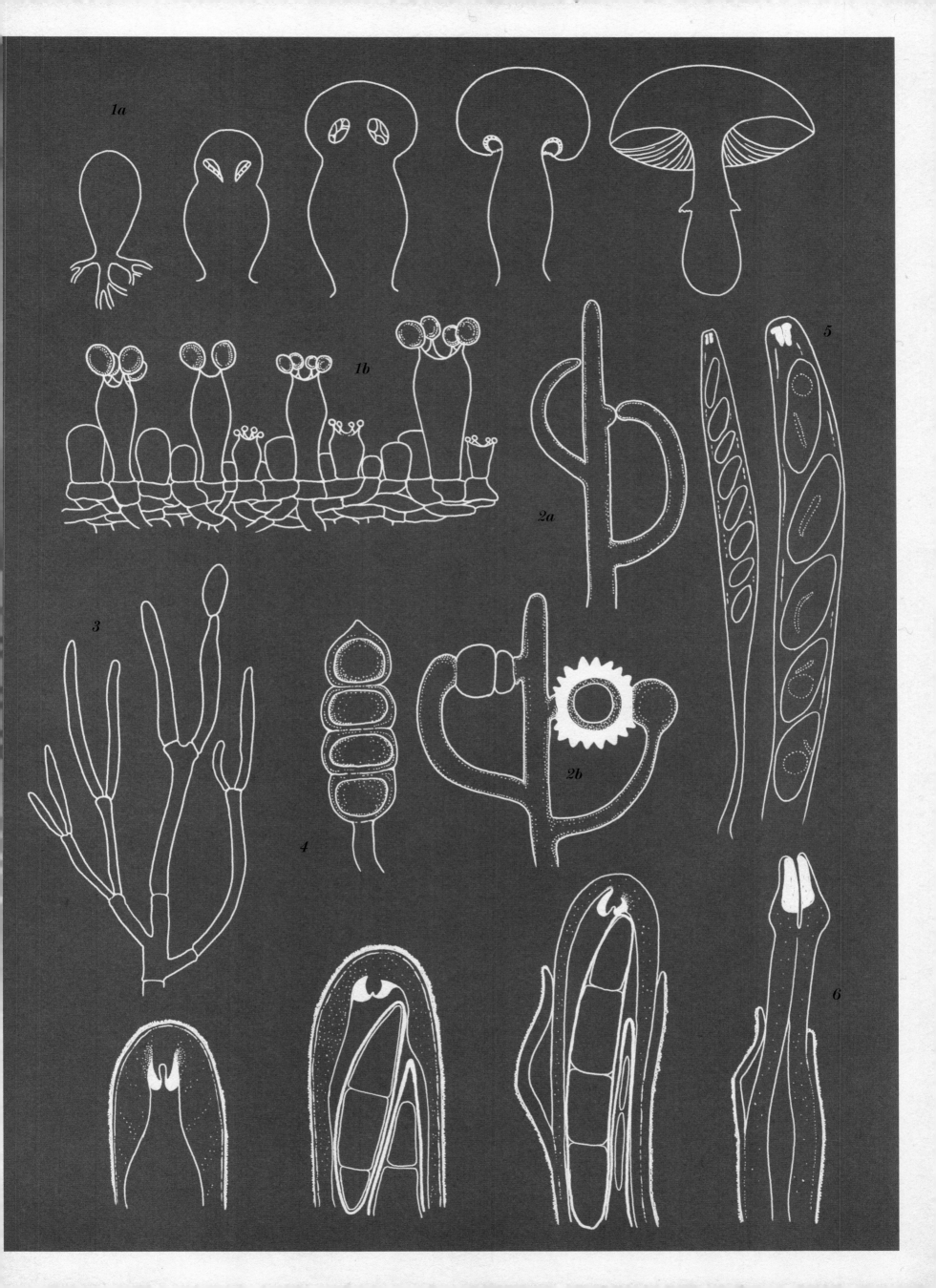

無性生殖

真菌的有性生殖可説是複雜又緩慢的過程，所以許多真菌發展出其他繁殖策略，不靠有性生殖就建立新的菌落。這就是無性生殖。有些真菌除了有性生殖構造，也產生一種到多種無性生殖構造，有些真菌則沒有已知的有性生殖構造。無性生殖策略的優點是可以產生大量相同基因的孢子，迅速在新的地點生長。

　　無性孢子是由單純的細胞分裂形成，細胞核只有一套染色體。最常見的無性孢子是分生孢子，由特別為了達成生殖功能的細胞經由超乎想像的多樣方式形成。分生孢子可能直接產生自菌絲狀的構造（分生孢子柄）、菌絲融合形成的大頭針狀構造、緊密群聚的堆狀，甚至在各式各樣的構造內產生，穿過小孔或裂縫釋放出來（分生孢子盤）。按各種真菌的傳播方式不同，分生孢子可能單獨形成，或是成串或像球的塊狀；可能是乾的或形成黏糊的液狀小滴（見14頁）。

　　真菌還有其他無性的傳播方式。不斷分裂的酵母菌細胞也能發揮分生孢子的功能，斷開的菌絲片段可以讓動物不經意地帶走，或存在於植物組織內。無性孢子通常不會像有性孢子散布得那麼遠，最後被氣流或風廣為傳播的只有一小部分。這些真菌大多會產生大量的乾燥小孢子，常引發過敏。

───────── 圖 片 解 說 ─────────

1.互生鏈隔孢菌
學名：*Alternaria alternata*
在成熟或垂死的植物組織上，互生鏈隔孢菌的孢子柄（產生分生孢子的菌絲）產生一串串淡褐色的隔膜分生孢子。互生鏈隔孢菌是一種植物病原體，會讓多種植物產生葉斑，也可能導致人類呼吸系統感染。

2.直立下梳黴
學名：*Coemansia erecta*
下梳黴屬是微型的腐生真菌，存在於糞便、土壤、其他有機質或動物、昆蟲的遺骸上。
a) 下梳黴屬真菌的無性生殖構造形狀雅緻。
b) 產孢構造上長了一排排孢子，有如牙刷。

3.董菜根腐病菌（又稱一品冠苗腐病菌、蕃薯根腐病菌、煙草黑根病菌、亞麻根腐病菌）
學名：*Thielaviopsis basicola*

這種植物病原體會導致嚴重的作物病害，例如黑腐病或蒂腐病。董菜根腐病菌有兩種無性孢子（分生孢子型）：
a) 分生孢子柄呈簡單的管狀，透明，內有無色的孢子。
b) 七枚褐色的孢子

4.細絲黑團孢黴
學名：*Periconia byssoides*
這種腐生真菌存在於植物遺骸上。繁殖方式是無性生殖，沒有已知的有性時期。無性生殖的過程中，會形成簡單的分生孢子柄，上面有許多細小帶刺的褐色分生孢子。
a) 分生孢子柄的全視圖
b) 分生孢子柄放大圖

5.可可球二孢菌
學名：*Lasiodiplodia theobromae*
這種植物病原體有各式各樣的寄主，通常導致許多熱帶作物收成之後腐爛、頂梢枯死。可可球二

孢菌的分生孢子最初透明無色，之後顏色加深。

6.四枝孢菌屬
學名：*Tetracladium sp.*
四枝孢菌屬的真菌已知只有無性生殖時期，這時期會產生圖中特殊的四枝分生孢子。這一屬的真菌是水生，生長在溪流中的枯枝落葉上。

7.香葉緣毛梅衣
學名：*Parmelina pastillifera*
許多地衣能進行有性與無性生殖，而且時常同時發生。地衣最常見的無性生殖方式是用粉芽堆和裂芽，將藻類和真菌夥伴包裹在一起散布。圖中的裂芽外層（皮層）能保護藻類和真菌夥伴，粉芽堆則沒有皮層。

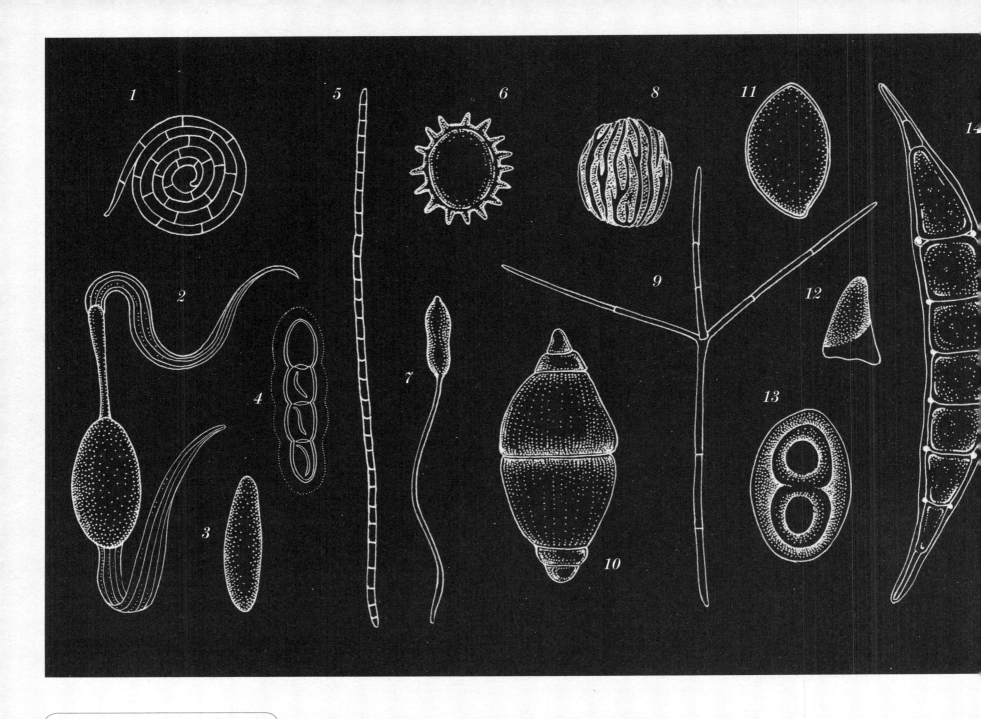

孢子

孢子是真菌產生的生殖細胞。真菌的孢子分成有性孢子和無性孢子，這兩類孢子的多樣性令人嘖嘖稱奇，從僅僅幾微米的單細胞（一微米是千分之一公釐，科學記號是μm），到肉眼也能看到的龐大孢子都有。孢子的形狀五花八門，包括微小的球體、巨大的橢圓構造，以及精緻的線狀或線圈狀——有些有分支，有些像星狀。顏色從透明、白色、粉紅或深淺不一的褐色到黑色，有時候孢子裡的不同細胞會有不同的色素。

孢子壁可能有多層，表面有各式各樣的質地和裝飾，包括孔洞或縫（孢子萌發處），或形成孢子時產生的疤痕。有些有外層包覆，包括果凍狀的鞘或附屬物，從幾乎看不見的鞭狀絲，到複雜的凝膠狀頭和尾。外層之下，許多孢子具有內壁，形成幾個隔室，可以分別發芽。

孢子的外形以及質地（乾燥或黏滑），取決於孢子的傳播方式。有些黏在一起形成可以被拋射出去的龐大物體，彈射出去時，可以飛到至少半公尺之外；有些則會分裂為二次孢子，增加傳播開的繁殖體數量，建立新的菌落。真菌孢子很容易在空氣中散布的說法是個誤解，其實大部分孢子形成的地方太靠地面，飛不高，根本無法靠自己散布多遠。有些孢子特別演化成可以靠昆蟲、鳥類或哺乳動物傳播。例如塊菌（松露）就會在地面下的子實體產生孢子，子實體會產生特殊的香氣吸引哺乳類替真菌傳播。有些複雜的孢子擁有長臂，適合在水中傳播。

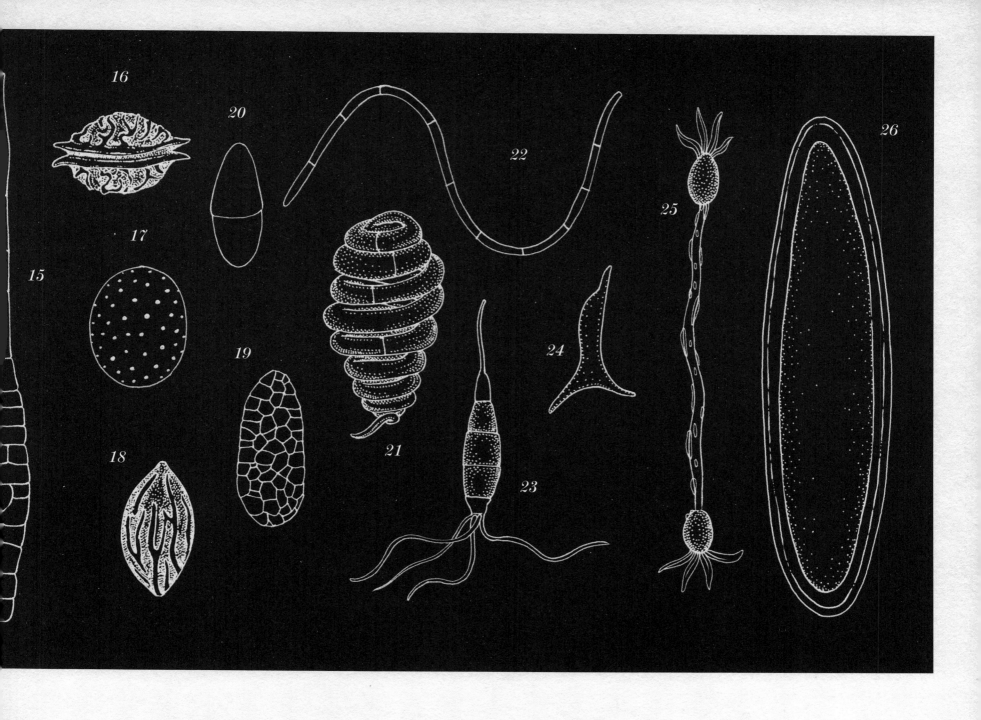

圖 片 解 說

1.附著卷絲孢黴（20μm）
學名：*Helicomyces scandens*
2.糞柄孢殼菌（360μm）
學名：*Podospora fimiseda*
3.褐絨蓋牛肝菌（12μm）
學名：*Xerocomus badius*
4.兔耳孔莢孢腔菌（35μm）
學名：*Sporormiella leporina*
5.女貞囊被裂木菌（125μm）
學名：*Schizoxylon ligustri*
6.深綠紅菇（12μm）
學名：*Russula viridofusca*
7.類精哈克尼斯黴（120μm）
學名：*Harknessia spermatoidea*
8.冰島蓼黑穗菌（12μm）
學名：*Ustilago koenigiae*
9.雅緻四刺孢（250μm）
學名：*Tetrachaetum elegans*
10.杜虹孢腔菌（75μm）

學名：*Caryospora callicarpa*
11.瓶毛縫殼菌（10μm）
學名：*Lophotrichus ampullus*
12.竹三角黴（25μm）
學名：*Triangularia bambusae*
13.粗餅乾衣（28μm）
學名：*Rinodina confragosula*
14.裂冠孢殼菌（65μm）
學名：*Corollospora lacera*
15.胡麻黑斑病菌（400μm）
學名：*Alternaria sesami*
16.巴恩青黴菌（6μm）
學名：*Penicillium baarnense*
17.微孔麻孢殼（40μm）
學名：*Gelasinospora micropertusa*
18.條紋紅黴菌（20μm）
學名：*Neurospora lineolata*
19.單孢蓋倫菌（65μm）
學名：*Calenia monospora*

20.癌腫叢赤殼菌（12μm）
學名：*Neonectria ditissima*
21.橢圓螺旋孢絲孢菌（40μm）
學名：*Helicoon ellipticum*
22.長水線孢（240μm）
學名：*Anguillospora longissima*
23.茶褐擬盤多孢黴（45μm）
學名：*Pestalotiopsis guepinii*
24.地衣角孢（15μm）
學名：*Cornutispora lichenicola*
25.長雙頭孢殼菌（285μm）
學名：*Zygopleurage zygospora*
26.孔雞皮衣（220μm）
學名：*Pertusaria pertusa*

註：標示的尺寸代表長度或最長軸

生長

所有絲狀真菌都是由圓柱狀的細管構成,這種細管稱為菌絲。菌絲通常不到十微米寬,堅韌的菌絲壁含有幾丁質(見第8頁)。菌絲透過菌絲壁吸收水分,因此充滿液體,保持高壓。大部分菌絲由隔壁分隔,看起來像動、植物的細胞,然而細胞內容物像水流一樣流動,內部構造(胞器)可以自由在隔室之間來去。菌絲從尖端延伸生長,尖端含有特殊的胞器,能產生新的菌絲壁組織。分支的菌絲大量聚在一起,形成所謂的菌絲體。

菌絲可以像液壓千斤頂一樣穿透葉子表面,鑽過土壤、木頭,甚至穿透岩石表面,因為菌絲生長時尖端分泌的酵素或有機酸能分解物質。菌絲的分支型式依據食物多寡而變,找到養分時就會變密集,呈輻射狀。有時候菌絲會扭曲成白色繩狀的菌絲索,甚至深褐色鞋帶狀的一束束(根狀菌絲束)。

不是所有真菌隨時都有菌絲,甚至有些真菌完全不會形成菌絲。酵母菌是單細胞,靠著「出芽生殖」一再分裂,形成圓丘狀的表面菌落。有些真菌可能會在入侵組織時產生菌絲,而絲狀真菌的生活史中也可能有像酵母菌的階段。潮溼或水生環境中的壺菌幾乎全是單細胞,從來不會形成菌落。

真菌的生長速度有很大的差異。溼度和溫度是關鍵,每個物種的最適條件都符合其生態。接合菌綱(例如毛黴屬)的真菌幾天內就能長滿一片潮溼的麵包,而石頭上的地衣真菌可能一年只長幾公釐。以人類為宿主的病原體在體溫長得最好,炎熱沙漠的真菌則喜歡攝氏四十五度左右的溫度。

生長速度也有重要的實際用途,有助於判斷物品(甚至是屍體)在一個地方多久了。以地衣為例,可以判斷屋頂是什麼時候建造的,或是一塊冰磧石是何時堆積的,冰河學家稱這種技術為地衣年代測定法。

───────── **圖 片 解 說** ─────────

1.蘋果上的擴展青黴菌
學名:*Penicillium expansum*
這種真菌如果生長在養分豐富的表面(例如蘋果上),菌絲就會以輻射狀不斷分支,形成圓形的區塊。有些真菌遇到養分短缺時,菌絲會擴散出去尋找食物,找到之後就會集中在食物周圍。

2.紙葡萄穗黴孢菌
學名:*Stachybotrys chartarum*
生長在富含纖維素的物質上,特徵是可用放大鏡觀察的分生孢子。常見於溫暖潮溼的環境,在住家、建築都能看到。是一種能導致人類與動物健康問題的真菌。

3.綠木黴菌
學名:*Trichoderma viride*
培養皿上能看出典型的輻射狀生長。有些生長快速的木黴屬真菌,適合培養來對抗在棉花、菸草和甘蔗等等植物上擴散的真菌病原體。

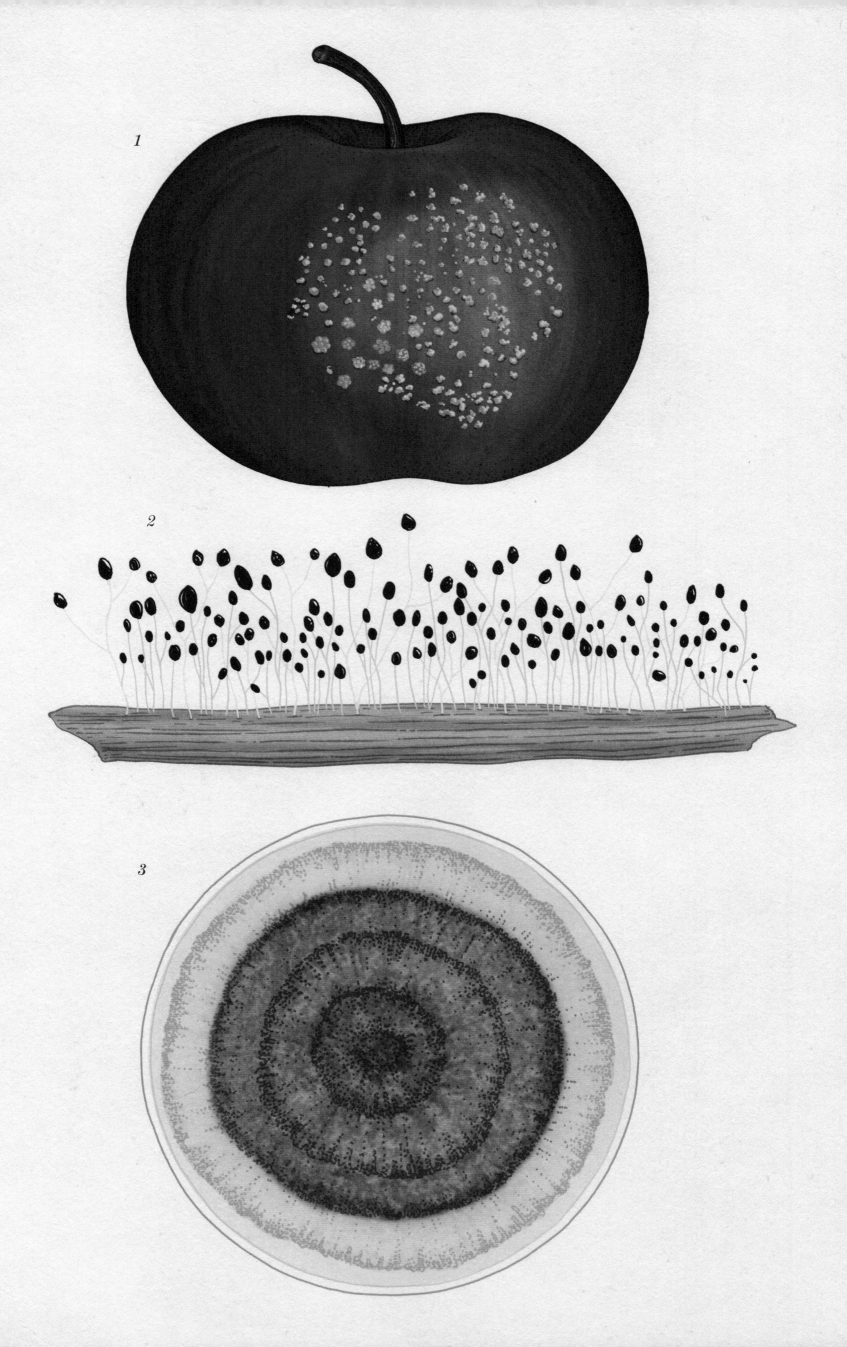

環境：山地

從山峰到山腳，越過冰雪皚皚的地景、裸露的岩石和蓊鬱的森林，山地提供了多樣化的環境，其中有著許多不同的真菌，有些在世上其他地方都找不到。生長在這裡的真菌需要適應嚴苛的環境，而且隨著海拔升高，環境會更加嚴酷。高山帶位在森林線之上，特徵是低矮開闊的植被（幾乎都是草本和小型木本植物），低溫，長期曝露在陽光和風的吹襲之下，這裡的地面幾乎終年被雪覆蓋。低海拔的環境條件則沒那麼不利生存，樹木可以生長在更深、更肥沃的土壤中。每個地帶的環境特性都會塑造各自的真菌和植物群落。

在高海拔地區，小型的高山木本植物（例如矮柳或仙女木）以及草本植物（例如珠芽蓼和簡單小蒿草）少了外生菌根菌（見38-39頁）就無法生存。這裡的真菌只能在融雪後的短暫時間裡產孢，時間遠比低海拔的真菌早，低海拔的產孢時期通常比較長。在森林線上方的高山棲地，數量最多的外生菌根菌包括絲膜菌（絲膜菌屬）、絲蓋傘（絲蓋傘屬）、黏滑菇（黏滑菇屬）、漆蠟蘑（蠟蘑屬）、粉褶傘（粉褶傘屬）、乳菇（乳菇屬）和紅菇（紅菇屬），這些真菌都會形成褶菌。殼狀真菌比較罕見，也沒那麼顯眼，但一樣數量眾多，包括棉革菌屬和蠟殼菌屬的一些真菌，這些真菌生長在石頭下、土壤上或腐木上。在森林線之上，地衣可能變成優勢種，生長在裸露的岩石表面。

森林線之下的森林裡枯枝落葉層（在土壤表面，主要由植物遺骸構成），裡頭可以找到其他菌根菌（例如乳牛肝菌、疣柄牛肝菌這些牛肝菌），以及分解者（例如膠質菌類的膠耳角屬）。穿孔小臍菇是細小的小皮傘，在森林裡也可以看到。

圖 片 解 說

---

1. 高山絲膜菌
學名：*Cortinarius alpinus*
圖中的高山絲膜菌和矮柳形成共生關係。高山絲膜菌的小子實體比被寄生的植物還高。

2. 矮紅菇
學名：*Russula nana*
這種漂亮的小菇和珠芽蓼的根部形成共生關係，也能和其他極地或高山植物共生。

3. 法弗絲蓋傘
學名：*Inocybe favrei*
這種菇菌會和仙女木的根部共生，如圖中所示。法弗絲蓋傘的名字來自瑞士地質學家先驅朱爾·法弗。

4. 山羊味絲膜菌
學名：*Cortinarius traganus*
山羊味絲膜菌的紫色子實體以強烈難味的氣味聞名。這種真菌會和松樹、樺樹的根形成共生關係。

5. 黏膠角耳
學名：*Calocera viscosa*
這種火紅色的真菌生長在枯木上。屬名Calocera的意思是「美麗、蠟質」，種名viscosa是「黏」的意思。這名字很適合，因為黏膠角耳可以拿來當口香糖。

6. 臭金錢菌
學名：*Gymnopus perforans*
這種迷你真菌會在掉落的松針周

圍長出子實體。臭金錢菌雖然小，卻會散發強烈的腐爛甘藍菜氣味。

7. 點柄乳牛肝菌
學名：*Suillus granulatus*
這種真菌菌柄上有斑點，菌蓋滑膩，會和松樹根形成共生關係。幼時會釋出乳汁狀的小水滴，因此英文俗名稱為「哭泣牛肝菌」。

8. 橙色樺木疣柄牛肝菌
學名：*Leccinum versipelle*
這種大型牛肝菌只和樺木形成共生關係。

二號展示室

真菌多樣性

盤菌

蕈菇與毒菇

多孔菌

腹菌

葉生真菌

環境：溫帶森林

盤菌

真菌界有許多真菌都會產生盤狀的子實體（常稱為「子囊盤」），這些真菌通常屬於子囊菌。雖然構造相對簡單，外形卻相當多變，許多引人注目又美麗。有些非常微小（直徑不到一公釐），要用放大鏡或顯微鏡才能看清楚；有些則可以長到十公分，甚至更大。盤菌通常顏色鮮豔，有些擁有或短或長的菌柄，有些則有睫毛狀的毛。許多地衣（見40頁）也會長出微小的芽杯來散布孢子。

大部分的盤菌會把孢子噴射出去。子囊盤內部布滿產孢組織，當子囊盤成熟，天氣狀況又正適合，孢子就會同步「噗」地高速噴射出去。有些較大型盤菌，可以靠風吹觸發孢子噴射，釋出煙霧狀的孢子雲。

大部分盤菌的子實體是柔軟的肉質，所以很容易乾掉。這些盤菌偏好潮溼的棲地，不耐乾燥環境，不過也有例外。種類多樣的盤菌生長在各式各樣的棲地，從海灘到炙熱的土地，從動物糞便到植物遺骸，甚至會出現在地板和房屋的牆上。大部分盤菌生長在植物遺骸或土壤上，也靠這些物體為食，之後盤菌也會成為昆蟲等生物的食物。有些菌甚至會和樹木根部或苔類等植物建立互利關係（形成菌根）。有一類盤菌演化成可以用有黏性的節球或套索捕捉細小的線蟲。

圖 片 解 說

1. 春日橙皮菌
學名：*Caloscypha fulgens*
這種金黃色的真菌一如其名，就像丟在地上的果皮。

2. 智利暗盤菌
學名：*Plectania chilensis*
這種真菌分布於南半球，生長在木頭上。

3. 奧地利肉杯菌
學名：*Sarcoscypha austriaca*
種名austriaca意思是「來自奧地利」。雖然常見於奧地利，但歐洲其他地方和北美也看得到這種生氣蓬勃的真菌的身影。奧地利肉杯菌喜愛生長在腐爛的有機質上，以及苔類和枯枝落葉之間的潮溼環境。

4. 橘黃毛杯菌
學名：*Cookeina speciosa*

這種粉紅色的漂亮真菌長出的子實體像天鵝絨製成的高腳杯，在新熱帶區的森林可見到，生長在林地的腐木上（參見58頁）。

5. 盾盤菌
學名：*Scutellinia scutellata*
鮮豔的菌蓋邊緣有黑睫毛似的細毛，環境乾燥時內捲，蓋住大部分的菌蓋。時常可以在林地裡潮溼腐爛的木材上看到盾盤菌。有幾種真菌和盾盤菌很像，但孢子的細部特徵有差異。

6. 橙黃網孢盤菌
學名：*Aleuria aurantia*
這種真菌剛開始呈杯狀，之後會扭曲變形，變得像橘子皮，過程中常常會裂開。

7. 驢耳狀側盤菌
學名：*Otidea onotica*

這種金黃色的真菌時常在溫帶森林中沿著人獸常經過的小徑生長，歐洲、北美許多地方可以見到。

8. 毛地舌
學名：*Trichoglossum hirsutum*
這種深色的真菌生長於酸性土壤，質地像天鵝絨，子實體呈矛頭狀。

9. 綠杯盤菌
學名：*Chlorociboria aeruginosa*
這種真菌會產生一種鮮藍綠色的色素，可以用來為木材染色，從前用於木製裝飾品，成品稱作「湯布里奇木製品」。

蕈菇與毒菇

大家想到真菌的時候,腦中浮現的通常是蕈菇和毒菇。這些菇類是常見到生長在土裡或木頭上的肉質子實體。蕈菇和毒菇的顏色應有盡有,大小也各異;細小紫色的吸水絲膜菌有著直徑大約五公釐的菌蓋,巨大蟻傘則大上兩百倍,菌蓋的直徑可以達到一公尺。

「蕈菇」和「毒菇」並不是科學術語,只是用來形容外觀相似的子實體。蕈菇和毒菇分別屬於真菌的許多「目」。我們稱為蕈菇的子實體呈肉質,具有菌蓋、菌褶和菌柄。有時候「蕈菇」這個詞只用來指可以食用的真菌,但其實也能用來稱呼毒菇。「毒菇」通常指不能吃或有毒的真菌,最廣為人知的是鮮紅和白色相間的毒蠅傘。毒菇的英文toadstool(蟾蜍凳子)源於中世紀的觀念:蟾蜍身上有毒,而且喜歡坐在這些子實體上。

蕈菇會形成一種有趣的現象──仙子圈。仙子圈是蕈菇或毒菇長成弧形或一圈的模樣,可能出現在森林地帶和草原。會形成仙子圈的真菌超過五十種,包括可食用的硬柄小皮傘。仙子圈中央就是真菌開始生長的位置,而蕈菇圈是從真菌的生長構造(菌絲體)的邊緣後方長出。

溼傘(溼傘屬)的顏色很繽紛,子實體有深淺不一的紅、橙和黃色,有些種的溼傘還會呈現綠色或粉紫色。其中有些溼傘只能在貧瘠的草原和衰退中的棲地見到。在英國,會將草原上是否有溼傘生長,視為判斷該地需不需要受法律保護的標準。

圖 片 解 說

1.毛頭鬼傘
學名:*Coprinus comatus*
這種真菌時常在草坪上成群出現,美麗的白色菌蓋帶有鱗片狀外觀,成熟時菌褶會分泌一種黑色的「墨汁」。毛鬼頭傘可以殺死線蟲加以消化,得到額外的養分。

2.毒蠅傘
學名:*Amanita muscaria*
毒蠅傘分布廣泛,被用來捕蠅。這種真菌有致幻效果,因此薩滿會用在宗教儀式中。

3.翹鱗傘
學名:*Pholiota squarrosa*
常見的寄生真菌,常常簇生在樹木和樹樁基部。覆蓋翹鱗,因此很容易辨認。

4.紫絨絲膜菌
學名:*Cortinarius violaceus*
這種美麗的紫色大型蕈菇見於歐洲和北美洲,是最容易辨識的絲膜菌屬真菌。

5.藍色球蓋菇
學名:*Stropharia caerulea*
這種真菌是藍色的,因此非常醒目。藍色球蓋菇是腐生,也就是不需要寄主樹木,而是由腐爛的有機質中得到養分。

6.溼傘屬
學名:*Hygrocybe spp.*
a, b, c, d) 從圖中可以看出,溼傘屬的真菌鮮豔醒目,常出現於存在已久的草原和草坪。有些草原的溼傘特別罕見。

多孔菌

大部分的蕈菇是在菌褶內產孢，多孔菌則會形成子實體，背面有菌孔或菌管。多孔菌通常和生長所在的樹木木材一樣堅硬，呈半圓形或扇形，偶爾也會長出圓形的菌體，常稱為「硬菇」。多孔菌和大部分的蕈菇一樣屬於擔子菌門（見第5頁），似乎在真菌界的演化過程中，多次獨立演化。

多孔菌是木材腐朽菌，主要生長在樹幹和樹枝上，不過少數的例外可能和樹木形成菌根（見36-39頁）。所有生物中，只有多孔菌能分解木材中構成木質素的堅硬化合物，所以少了多孔菌（和親戚「皮殼菌」，皮殼菌大多生長在枯死樹幹或樹枝的下側），森林會堆滿木頭和枯枝落葉！所以多孔菌對森林生態系中的養分循環和二氧化碳釋放極為重要。另一方面，有些多孔菌是致病能力強大的樹木病原體，是木材損害的主要原因。

但多孔菌不只對生態系很重要，而且自古以來人類就常利用。木蹄層孔菌是分布廣泛的常見真菌，很容易找到，也好辨認，人類會用來製作衣物，例如帽子。不過木蹄層孔菌最著名的用處卻是當作火種。冰人奧茨被發現時身上也有這種真菌，冰人奧茨是一個史前人類，死後木乃伊化，在歐洲的奧茲塔爾阿爾卑斯山脈被人發現，一般認為他帶著木蹄層孔菌，可能是為了生火。

人類會利用的另一種多孔菌是白樺茸。據信白樺茸能抑制癌症惡化，強化人類的免疫系統。白樺茸外表像焦炭，生長在成熟樺木的樹幹上。

有些多孔菌可以用來作為判斷森林古老的指標。這些真菌對人類活動的影響非常敏感，一旦消失了，就可能永遠不會長回來，有些可能會絕種。

圖 片 解 說

1.榆生黑孔菌
學名：*Rigidoporus ulmarius*
這種真菌病原體大多生長在闊葉樹上（例如榆樹）。榆生黑孔菌通常是白色到乳白色，不過常常因為長了綠藻而變綠。許多年來，皇家植物園的榆生黑孔菌都是已知最大型的真菌，周長大約五公尺。多孔菌通常以同心圓生長，時常出現生長帶。

2.牛排菌
學名：*Fistulina hepatica*
由名字可知，這種真菌的外觀像生肉。牛排菌從前確實被用作肉類的替代品，口感嘗起來像肉，切開時會流出紅色汁液。頂部紅色，背面是一大片白色微管（典型的菌褶退化而成）。拉丁文種名hepatica的意思是「像肝臟的」。

3.櫟牛舌孔菌
學名：*Buglossoporus quercinus*
菌蓋仰視圖
在老齡林和牧草地，這種罕見的多孔菌生長在古老櫟樹露出心材的位置。櫟牛舌孔菌生長緩慢，適宜生長的環境條件嚴格，而且棲地逐漸減少，因此瀕臨絕種，在英國受到最高規格的法律保護，最近被列入國際自然保育聯盟紅色名錄瀕危物種。

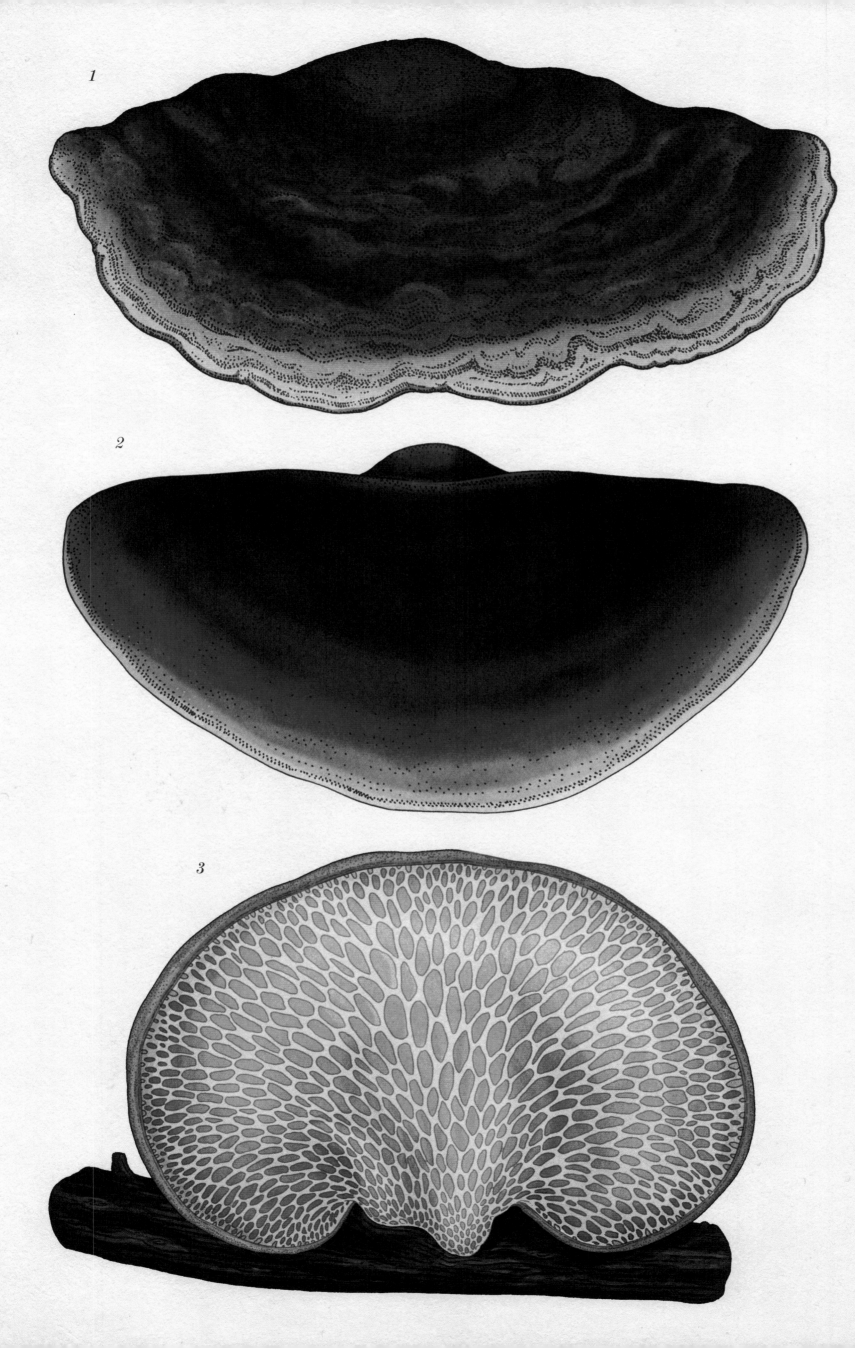

腹菌

腹菌這一類型中，各種真菌彼此雖然關係並不近，卻有相似的生殖策略。腹菌通常是腐生（有些例外），靠分解土壤中的有機物質取得食物，這麼做能把養分回收利用，因此腹菌在生態系中扮演了重要的角色。

腹菌無法從菌褶或菌孔主動散播孢子，這一點和其他會形成蕈菇的真菌不同。腹菌會在子實體內產生孢子，發展出不同的策略來散布孢子，於是導致腹菌演化出與眾不同而美麗非凡的蕈菇外型。

馬勃的孢子傳播方式最簡單。這些真菌的子實體有如球狀，小則幾公釐寬，大則比西瓜更大。有些馬勃內部長著充滿孢子的孢子團，需要實際碰觸才會噴出。從雨滴滴落，到更劇烈的動作（例如被經過的動物撞到）都算是碰觸。有些馬勃具有小洞，可以從洞中噴出孢子團，有些則只是裂開。地星演化出和馬勃類似的外表，頂端有小孔，外力碰觸時小孔就會釋出孢子。

鳥巢菌利用雨滴傳播孢子，子實體形狀有如專門為了散布孢子而生的「噴濺杯」，基部的囊外觀像蛋，內部含有孢子。雨滴打到杯內，會將孢子囊彈出。有些孢子囊會被動物吃掉，於是就能靠動物的糞便傳播得更遠，同時還獲得肥料。

鬼筆的子實體複雜而特殊。這一科古怪奇妙的真菌都會在表面產生富含孢子的褐色液體，稱為產孢體。產孢體很臭，聞起來像腐肉和糞便，會吸引喜歡吃這些食物的昆蟲，昆蟲飛走時身上黏著產孢體，就會把孢子傳播出去。

圖 片 解 說

1. 網紋馬勃
學名：*Lycoperdon perlatum*
這種真菌的外層是乳白色，布滿細小的突起和尖刺，成熟時變成褐色。網紋馬勃成熟時頂部會出現一個小孔，噴散孢子。

2. 雕刻禿馬勃
學名：*Calvatia sculpta*
這種馬勃外觀奇特，外表布滿金字塔狀凸起，從中釋放孢子。

3. 隆紋黑蛋巢菌
學名：*Cyathus striatus*
這種真菌分布廣泛，常生長在園子裡的護根材和堆肥上，顆粒狀的囊（包囊）中含有孢子。

4. 吸血柱菌
學名：*Colus hirudinosus*

這種真菌的網狀構造從白色凍狀的「蛋」裡長出來，基部是淡橙色，逐漸加深至末端的深紅色。外觀好看，氣味卻像糞便。可以食用。

5. 四裂地星
學名：*Geastrum quadrifidum*
起初是灰褐色的小球，外層會裂成星狀，變成基部，露出中央的孢子囊體，向上頂出，以利散播孢子。

6. 袋形地星
學名：*Geastrum saccatum*
袋形地星未成熟的子實體是蛋形，之後會裂開，外層捲到基部，露出中央的孢子囊體。分布遍及全球。

7. 長裙竹蓀（長裙鬼筆）
學名：*Phallus indusiatus*
鬼筆科的另一個成員，子實體周圍的菌膜精巧，但掩蓋不了這種真菌臭味難聞的真相。

8. 普通硬皮馬勃
學名：*Scleroderma citrinum*
a) 這種真菌和其他的腹菌不同，屬於菌根菌，會和一些樹種和木質灌木形成共生關係。
b) 開展時，露出內部黑紫色的產孢體，有毒，不宜食用（見32頁）。

葉生真菌

熱帶森林裡，很多葉子的葉片表面看起來好像有美麗的鑲嵌，大多都是真菌。在這些棲地，樹木是常綠樹，每片葉子可以長到非常大，存活好幾年。各式各樣的真菌演化成把葉子當成住所，但這類真菌和植物病原真菌不同，不會侵入殺死植物。

這些無害的真菌稱為「葉生真菌」。葉生真菌不會穿透葉片的活細胞，但擁有特殊的構造讓真菌能夠附著在葉表，或者生長在植物角質層（覆蓋在表皮上的保護膜）和表皮細胞的活組織之間。葉生真菌不是從附著的葉子取得養分，而是從森林樹冠層滴落的水獲取養分。有些真菌會形成地衣，抓住生長在葉子上的綠藻來確保糖分供應。不形成地衣的真菌就不需要光線進行光合作用，所以有些真菌只長在葉片背面。

很多葉生真菌會形成蓮座狀，輻射狀的菌絲長成盾形，包覆產孢構造。這些表面菌絲時常是深褐色到黑色（黑色素化），在乾旱時期有助於防止脫水。用放大鏡看，通常可以看到表面菌絲在葉表縱橫交錯，形成精緻的網絡。

有些人擔心真菌和地衣過度生長，可能對樹木健康造成不良影響，例如油棕園和茶園的情形。不過澳洲的一些研究顯示，長了菌落的葉片為了彌補損失，在葉片上菌落未覆蓋的區域，會產生更多的葉綠素。葉生真菌也是其他真菌（菌生真菌）的重要棲地。菌生真菌只生長在特定的葉生真菌的表面菌絲之上，似乎對宿主無害。葉生真菌主要是潮溼熱帶的特徵，不過溫帶地區也有少數幾種葉生真菌能生長在常綠樹的樹葉上，包括黃楊、冬青、刺柏和月桂。

圖 片 解 說

1.兔尾草黑煤菌
學名：*Meliola urariae*
表面菌絲的典型分支和特化菌絲分支都含有單瓣細胞（網足），讓兔尾草黑煤菌能附著在葉子上，而且有助於吸收食物。小煤炭菌科的真菌大多需要宿主存活（才能建立共生關係），生長在特定植物的葉子和莖上。

2.葉
葉子表面有混雜的真菌菌落，包括一些地衣。

3.輪葉上衣
學名：*Strigula orbicularis*
a) 子實體和葉狀體
b) 子實體的縱切面，最上層是植物的角質層，下方有一層表皮細胞。

4.壺毛蠟
學名：*Tricharia urceolata*
這種地衣只生長在熱帶，在南美洲數量很多。毛蠟屬的真菌會產生毛狀構造，稱為「分生孢子柱」，是高度特化的產孢構造。

5.麥考溫膠殼煤菌
學名：*Parenglerula macowaniana*
a)生長在葉片上的菌絲體，具有網足和深色的圓形子實體（子囊果）。
b)長在葉表的子實體縱切面，有數個子囊，其中一個子囊充滿孢子。

6.盾狀菌
學名：*Lichenopeltella palustris*
這種特化的扁平子實體「部分盾狀囊殼」長在葉子上，四邊形的細胞排成一行又一行的放射狀，形成一道牆。「中央孔」（圓形孔洞）四周圍了一道黑色的毛狀構造（剛毛），從孔中釋放孢子。

7.朱魯亞盾座菌
學名：*Peltistroma juruanum*
圖中葉片的一部分長了朱魯亞盾座菌的多個菌落。

環境： 溫帶森林

溫帶森林的土壤肥沃，雨量豐富，具有季節性氣候，因此成為真菌的理想家園。櫟樹和山毛櫸是溫帶森林常見的落葉樹，樹上生長的真菌比歐洲其他原生樹木更多。這裡的真菌扮演重要角色，腐化有機質（腐生），和樹木根部形成共生關係而促進樹木生長（外生菌根菌，見36-39頁），或與藻類、藍綠菌共生，形成地衣。

有些腐生真菌是這些樹木的根部居民，例如會形成珊瑚狀同心圓扇形的多帶柄杯菌，和褶菌類的梭柄金錢菌。也有些生長在樹幹的心材（樹幹緻密的核心），或倒木和活樹木的下層樹枝上，這類真菌包括硫磺菌（這種多孔菌長在樹幹上，會造成褐腐）和牛排菌（菌蓋是紅色肝狀）。彎柄小菇是另一種腐生菌，通常在掉落的樹枝上能見到，特徵是帶著獨特的油味和肥皂味。

溫帶生態系的真菌也能作為判斷環境狀況的信號。櫟乳菇標示出嚴重氮汙染和土壤酸化（這是歐洲溫帶森林的兩大威脅），而肺衣則在汙染少而古老的林地欣欣向榮，因此是乾淨棲地的理想指標。

圖 片 解 說

---

1. 櫟扁枝衣
學名：*Evernia prunastri*
這種地衣分支長得別緻，生長在樹木、灌木的樹幹和細枝上，外觀像鹿角。

2. 硫磺菌
學名：*Laetiporus sulphureus*
硫磺菌的質地和口感類似煮熟的雞肉，因此英文俗名稱為「林中雞」。

3. 牛排菌
學名：*Fistulina hepatica*（見26頁）

4. 多帶柄杯菌
學名：*Podoscypha multizonata*
這種醒目的真菌很罕見，生長在櫟樹周圍的土地上。

5. 梭柄金錢菌
學名：*Gymnopus fusipes*
這種常見的真菌通常簇生在樹幹基部和土壤的交界，會導致櫟樹根腐。梭柄金錢菌從休眠的堅硬構造（菌核）中長出來，在根之間生長。

6. 櫟乳菇
學名：*Lactarius quietus*
這種真菌和櫟樹根形成外生菌根共生。割開或撕開菌褶，會流出乳汁。

7. 彎柄小菇
學名：*Mycena inclinata*
這種蕈菇是腐生，時常出現在倒下的樹幹上。

8. 管形喇叭菌
學名：*Craterellus tubaeformis*
這種可以食用的雞油菌會大量成群出現，和櫟樹根形成外生菌根，因此很難商業栽培。

9. 枝瑚菌屬
學名：*Ramaria sp.*
這一屬的真菌在溫帶森林裡數量繁多，會在土壤上長出珊瑚狀的子實體。

10. 黏綠乳菇
學名：*Lactarius blennius*
這種真菌原產於歐洲，和山毛櫸的根共生。種名blennius是「黏」

的意思，形容菌蓋表面的質地。

11. 橙黃硬皮馬勃
學名：*Scleroderma citrinum*
這種外生菌根菌會在酸性土壤中，和櫟樹、山毛櫸的根部形成共生關係。菌體（產孢體）的內部含有深色孢子（見28頁）。

12. 啞光牛肝菌
學名：*Xerocomellus pruinatus*
這種牛肝菌原生於歐洲，和山毛櫸、櫟樹的根部共生。啞光牛肝菌形成的菇體在菌蓋下是黃色的菌管，末端不是菌褶而是小孔，內部藏有孢子。

13. 肺衣
學名：*Lobaria pulmonaria*
這種肺形地衣是由真菌、藻類和藍綠菌三種生物共生而成。

三號展示室

真菌的交互作用

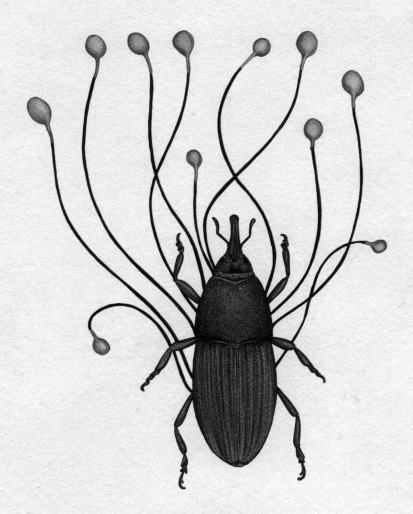

菌根
菌根網路
地衣
昆蟲寄生性真菌
螞蟻和白蟻

菌根

有些真菌我們通常看不見，它們生長在我們腳下的土壤中，會和植物根部共生，形成菌根，這是某些真菌和地球上大部分植物形成的共生（互利）關係，在數億年前演化出來，幫助最早出現的植物在陸地上落地生根，成功在養分貧瘠的環境裡生長。即使到了現今，地球上高達百分之九十的植物一旦根部沒有這些真菌就活不了！

　　菌根菌寄居在植物的根部，會把土壤中植物無法自行吸收的水分和養分提供給植物。而真菌則從植物得到生長所需的碳水化合物。不同的真菌會和不同的植物共生和形成菌根。菌根主要有四種：叢枝菌根、外生菌根、杜鵑花菌根和蘭花菌根。

　　所有植物之中，大約有百分之八十（包括果樹、大部分的草本和糧食作物）是形成叢枝菌根，特別善於吸收土壤中的磷酸鹽。這類養分在這些植物生長的土壤中數量稀少。只有大約百分之二的植物和外生菌根菌共生，其中包括許多食用的真菌，像是雞油菌、松露和牛肝菌。這些真菌擅長吸收氮氣，和木本植物共生，對象包括櫟樹、松樹、山毛櫸和桉樹。杜鵑花菌根菌生長在杜鵑花科植物（包括石楠、藍莓和杜鵑花）和一些蘚類的根部，替寄主釋放養分。蘭花也依賴菌根菌，一旦缺乏，蘭花就無法發芽。蘭花在成長的起始階段也需要這些真菌。

圖 片 解 說

1. 根的橫切面，顯示四種主要的菌根

a) 外生菌根
營養根周圍的菌絲形成一層真菌組織（菌毯），延伸到土壤中。菌根菌也會生長在根細胞之間，形成「哈替氏網」，也就是真菌和植物交換養分的地方。

b) 叢枝菌根
菌絲在植物根細胞內形成構造（叢枝狀體）或囊泡（儲藏用的囊），有時構造和囊泡會同時生成。

c) 蘭花菌根
菌絲穿透根細胞的細胞壁，形成線圈狀（菌絲團）。植物可以重新吸收菌絲團。蘭花的種子中不含養分，所以蘭花要靠這些真菌才能發芽。

d) 杜鵑花菌根
菌絲穿透根細胞的細胞壁，形成線圈狀。這類的菌根在石楠地、凍原和北方生態系很常見，真菌能幫助植物在極度貧瘠的土壤中競爭獲取養分。

e) 無菌根
沒有真菌組織的根。

2. 土生空團菌
學名：*Cenococcum geophilum*

a) 這種子囊只有一個名字，但其實是由許多物種組成，生長在超過兩百種不同的植物寄主根部，形成外生菌根。土生空團菌呈黑色，擁有粗密的菌絲，十分醒目。

b) 雖然土生空團菌在植物根部生長茂密，但不會形成子實體。土生空團菌可以用圖中的休眠構造（菌核）在土壤中存在數百年。

3. 松乳菇
學名：*Lactarius deliciosus*

a) 松乳菇在松樹根部形成外生菌根的模樣。松乳菇外生菌根的特色是表面（菌毯）平滑，呈鮮橙色，松樹根呈二叉狀分支。

b) 橙色的蕈菇是可食用的松乳菇子實體，只在秋天出現。菌褶撕開或割開時，會流出橙色的乳汁。

菌根網路

菌根菌和寄主植物的根部連結，形成菌根。菌根會藉著真菌菌絲，延伸到土壤中。一株真菌可能和許多植物的根部連結（同種或不同種植物都可能），而一株植物也可能和許多不同的真菌結合，一棵樹的樹根可能住著數十種真菌。這麼一來，植物可以透過這些真菌，在地下用根部彼此連結，形成「樹際網路」。

真菌形成互相連結的菌絲，可能和森林一樣遼闊複雜。有時候我們會在地上或土裡看到真菌的跡象——在地面上有蕈菇或皮殼，土裡則是塊菌。這些子實體只是冰山一角，真菌在地下還有著龐大的功能性部分，形成極為複雜的通訊系統，也就是菌根網路。其實一公克的土壤，就可能含有數以百計的真菌菌絲。

櫟樹（以及溫帶和北方生態系中許多其他樹木）的每條細根，都完全包裹在形成外生菌根的真菌之中（外生菌根是真菌和樹根形成的構造，見36頁）。菌根網路於是成形。真菌的菌絲從外生菌根往土壤中深深延伸，收集養分和水分。養分和水分會運送到樹木，交換植物製造的碳水化合物，真菌就靠攝取碳水化合物而生長，並形成子實體。

菌根網路不只由外生菌根菌形成，也不是只有在樹木間才會產生。例
如叢枝菌根菌在沒有樹木的草原也能構築網路。菌根網路對植物很有用，因為
真菌菌絲會提高吸收的表面積，能取用植物的根和根毛無法取得的養分和水分。菌
根網路也幫忙土壤顆粒黏著，加強土壤穩定，預防侵蝕，並且藉著運送水和養分，也
能維持成熟樹木樹蔭下的苗木生長。

圖 片 解 說

1.夏櫟的成木和樹苗
學名：*Quercus robur*
櫟樹和樹苗靠著菌根網路，在地
下連結。

2.子實體
外生菌根菌的蕈菇和塊菌藉著外
生菌根，附著在樹木和樹苗的根
上。

3.外生菌根和菌絲
菌絲會從外生菌根延伸到土壤
裡，吸收養分和水分，和寄主交
換糖分，但菌絲也會在其他樹木
根部形成新的外生菌根，在地面
下把樹連結起來。菌絲形成的這
個系統稱為菌根網路。

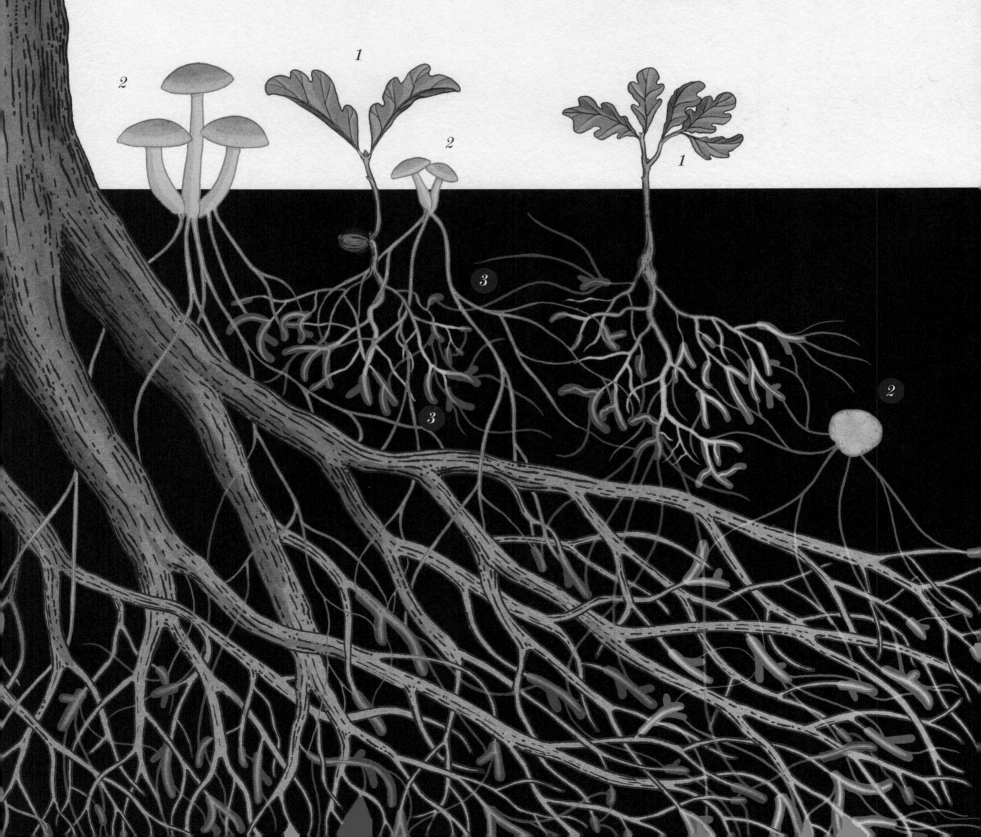

地衣

地衣是真菌（共生真菌）和至少一種會進行光合作用的生物（共生光合生物）成功達成互利關係的成果，共生光合生物可能是藻類或藍綠菌，也可能二者並存。真菌得到共生光合生物產生的糖，而共生光合生物得到棲身之地和實際的保護，而且比較容易取得礦物質養分。地衣把兩者融合得太好，從前其實曾被當成單一物種來研究。現在，我們知道將近五分之一的真菌物種會形成地衣，其中超過百分之九十八屬於真菌界最大的一門──子囊菌門；少數幾種屬於擔子菌門（見第5頁）。

地衣的外形和顏色五花八門，可能是殼狀、葉狀、枝狀或毛狀，生長在任何地衣能接觸到的表面，包括岩石、樹皮、土壤，甚至車子上！和其他真菌相比，地衣生長的速度極為緩慢（一年生長少則不到一公釐，多則幾公分），但卻似乎極為長壽，研究顯示地衣甚至能存活幾世紀。

地衣幾乎在全球任何地方都能看到，包括水中、沙漠，從極地到熱帶地區。讓地衣在極端環境條件仍然欣欣向榮的特性，也使這類生物對汙染極度敏感，若要確認空氣品質，地衣是絕佳指標。有些地衣可用於製作牙膏，有些則可用於醫藥，治療皮膚病和呼吸系統疾病。有兩種地衣可以製作香水，也有的用於染料。在北方地區，地衣是馴鹿的主食。

圖 片 解 說

1.扇狀地衣
學名：*Cora pavonia*
這是少數的擔子菌地衣（擔子菌門共生真菌形成的地衣），也是「藍綠菌地衣」，共生光合生物不是藻類，而是藍綠菌，能固定大氣中的氮。

2.灰瘰茶漬
學名：*Placopsis gelida*
這種地衣是三種生物共生的範例，包括真菌和兩種共生光合生物──綠藻和藍綠菌。綠藻結合到葉狀體中，固氮的藍綠菌則存在於衣瘰（褐色的構造）。

3.刻紋梅衣
學名：*Parmelia sulcata*
許多地衣對汙染非常敏感，但有些地衣像刻紋梅衣一樣，很能忍受二氧化硫。

4.褐眼雜髓衣
學名：*Letharia columbiana*
俗名中的「褐眼」是指子實體（子囊盤）。雜髓衣在英文稱為「狼地衣」，從前歐洲人會用來毒狼和狐狸。褐眼雜髓衣附著在樹皮或木頭上。

5.松蘿
學名：*Usnea florida*
這種枝狀地衣的末端常有圖中的扁盤狀構造（子囊盤）。松蘿屬的地衣含有松蘿酸，是強效的抗生素和抗真菌劑。松蘿對二氧化硫空氣汙染非常敏感。

6.金眼黃枝衣
學名：*Teloschistes chrysophthalmus*
這種枝狀地衣生長在細枝上，子囊盤為鮮橙色，邊緣有刺刺的突起（緣毛）。牆石黃衣酸不只導致金眼黃枝衣的顏色，還會破壞或阻礙微生物生長。

7.地圖衣
學名：*Rhizocarpon geographicum*
這種地衣的子囊盤呈黑色扁平，皮殼黃色，貌似地圖。生長在高海拔少汙染地區的岩石上，可以用來確認岩面的年代。

8.黑盤灰衣
學名：*Tephromela atra*
這種真菌呈皮殼狀，具有黑色子實體（子囊盤）。

9.雞冠石蕊
學名：*Cladonia cristatella*
石蕊屬的地衣會產生兩種葉狀體，一種是鱗葉狀的初生葉狀體，另一種是莖狀的次生子囊盤（子器柄），內部含有藻類，末端有產孢的子實層（圖中鮮紅的部分）。

10.傘形地衣臍菇
學名：*Lichenomphalia umbellifera*
少數共生真菌是蕈菇的擔子菌地衣。藻類的細胞位在基部的小鱗片（小型的鱗葉狀構造）。

11.綠粉果衣
學名：*Calicium viride*
綠粉果衣的孢子在柄的頂端形成鬆鬆的一團，外觀像裁縫的大頭針。

昆蟲寄生性真菌

昆蟲寄生性真菌（或稱「昆蟲病原真菌」）會傷害、感染昆蟲，甚至使昆蟲死亡。這些真菌自然出現在環境中，因此有些被人當作安全的減少蟲害方法。例如巴氏蠶白僵菌就可用來對付白蟻、粉蝨、蚜蟲和許多其他危害植物的昆蟲，只要將巴氏蠶白僵菌的孢子加入溶液混合，噴灑在受害的植物上即可。

這些真菌中，有特別的一類現在稱為「僵屍真菌」，大多屬於蛇形蟲草屬。僵屍真菌遍布全球的熱帶和溫帶地區。雖然不知道有多少種，不過許多只會感染特定一類昆蟲。這些真菌會在昆蟲腦中釋放化學物質，控制昆蟲的身體。大部分昆蟲的巢穴在地下，所以這些真菌會讓昆蟲在植物和樹木上找個高處，咬住葉子或樹枝，把自己固定在那裡。之後真菌會在昆蟲體內迅速生長，產生子實體。在高處孢子就能散播得更廣。

圖 片 解 說

1.冬蟲夏草
學名：*Ophiocordyceps sinensis*
冬蟲夏草分布於尼泊爾的喜馬拉雅地區，會感染並殺死毛蟲。這也是中醫藥材，有許多不同用途，包括抗糖尿病、消炎。近年來冬蟲夏草逐漸變得稀少、價格高昂，由於過度採收，冬蟲夏草現在瀕臨絕種。

2.象鼻蟲草
學名：*Ophiocordyceps curculionum*
這種真菌會感染象鼻蟲科的昆蟲，因此得到這個種名。目前象鼻蟲草只見於南美和中美洲的熱帶地區。

3.胡蜂蟲草
學名：*Ophiocordyceps humbertii*
這種蛇形蟲草最初發現於巴西的大西洋沿岸雨林，會感染胡蜂。

胡蜂蟲草和感染螞蟻的真菌（例如偏側蛇蟲草菌和蟻蟲癘黴）一樣，會觸發同樣的行為。胡蜂降落在枝葉上，咬住枝葉，之後真菌很快就從胡蜂身上長出來，形成子實體。

4.蟻蟲癘黴
學名：*Pandora formicae*
蟻蟲癘黴只感染木蟻，歐洲許多地方都能看見這種黴菌。木蟻遭真菌感染時，就會遠離蟻群。至於真菌會不會控制木蟻，或者木蟻是否為了保護蟻群才離開，科學家未有定論。

5.偏側蛇蟲草菌
學名：*Ophiocordyceps unilateralis*
偏側蛇蟲草菌會把化學物質釋放到螞蟻的腦部，迫使螞蟻爬上高處的樹枝。這種真菌會在螞蟻體內生長，孢子因位在高處，所以能廣為散布。

6.蛹蟲草
學名：*Cordyceps militaris*
這種真菌在北半球各地的毛毛蟲身上都可以見到。

7.巴氏蠶白僵菌
學名：*Beauveria bassiana*
世界各地都可見到這種真菌自然生長在土壤中，會感染昆蟲和其他節肢動物，受感染的節肢動物外觀有白色茸毛。巴氏蠶白僵菌可以作為殺蟲劑，控制白蟻、蚜蟲和甲蟲等等昆蟲。

螞蟻和白蟻

世上最早栽培其他生物的動物不是人類，而是螞蟻和白蟻。人類大約在一萬年前開始種植自己的食物，但有些種類的螞蟻和白蟻早已栽培真菌長達數千萬年。這些昆蟲各自演化出栽培真菌當作食物的行為。螞蟻是最早的栽培者，大約六千萬年前，牠們就在南美洲的亞馬遜雨林栽培真菌了。白蟻則是在大約三千萬年前，開始在非洲的熱帶森林栽培。

雖然螞蟻和白蟻都會栽培真菌當作食物，但做法不同。每年白蟻建造新巢穴時，蟻傘就會在白蟻的舊巢發菇。白蟻會爬出新巢，收集蟻傘釋放的孢子，用來重新栽植牠們的菌圃。科學家稱之為「水平遷移」。

螞蟻則是在搬家的時候帶著真菌一起走。新蟻后離開舊巢時，會帶走一點真菌。蟻后的口中有一個小囊袋，稱為「口下囊」，可以安全存放真菌，直到下一個巢穴完工。科學家稱之為「垂直遷移」真菌。螞蟻並不需要菇體，因此菇體很少見。

螞蟻和白蟻為了種植真菌，需要提供真菌生長所需的食物。雨林裡可以看到數以千計的切葉蟻搬運切下的葉子，排成長長的縱隊穿過林中。牠們從樹木和其他植物收集葉子。切葉蟻回到巢穴之後，會把葉子嚼成小球，讓真菌長在上面。相較之下，白蟻則會挖掘長長的地下通道，在通道中搬運草、植物和樹木遺骸。白蟻先自己吃下這些物質，再讓真菌長在牠們的糞便上。

圖 片 解 說

1. 條紋白蟻傘
學名：*Termitomyces striatus*
這種蕈菇是從白蟻栽培的真菌中長出來。白蟻每一季會收集舊巢裡蕈菇的孢子，建立新的菌圃。蟻傘屬的蕈菇也是人類的珍饈。

2. 螞蟻的蕈菇
菌絲球白環蘑
學名：*Leucoagaricus gongylophorus*
菌絲球白環蘑的菇體很罕見，時常在蟻群狀況不佳的時候出現。螞蟻不喜歡菌絲球白環蘑的菇體，一旦菇體出現，就會設法清除。菇體成長需要大量能量，最終目的只是為了產生孢子。螞蟻蓋新巢時，會帶一塊菌絲球白環蘑過去，並不需要孢子，所以對螞蟻來說，產生菇體其實是浪費能量。

3. 螞蟻的食物
菌絲球白環蘑
學名：*Leucoagaricus gongylophorus*
螞蟻培養的真菌會產生營養構造。這些菌絲的末端膨大（稱為菌絲球），其中充滿糖類和脂肪，可作為螞蟻的食糧。

4. 栽培真菌的白蟻
納塔爾大白蟻
學名：*Macrotermes natalensis*
白蟻擁有大頭和強壯的顎，可以保護自己。非洲和東南亞都有這種白蟻的蹤跡。

5. 切葉蟻
頭切葉蟻
學名：*Atta cephalotes*
切葉蟻會用強壯的大顎切下葉片，用這些葉片培養真菌。切葉蟻也會用切下的葉片防禦危險的掠食者。

6. 白蟻丘
納塔爾大白蟻
學名：*Macrotermes natalensis*
白蟻是很了不起的建築師，牠們會在蟻巢上建造一個大土丘，靠白蟻丘上的煙囪控制蟻巢裡的溫度、溼度和氧氣含量。蟻后安安全全地待在蟻巢中央的「寢宮」。

四號展示室

真菌與人類

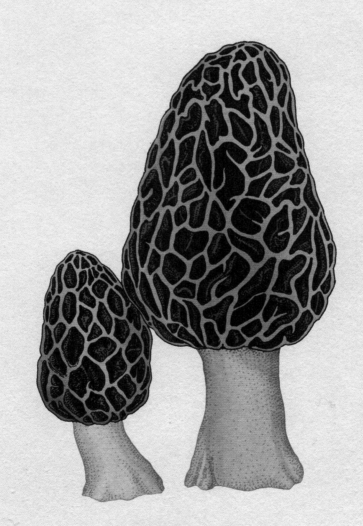

早期的真菌學家

植物病原體

毒菇

食用菇

神奇靈藥

環境：熱帶森林

早期的真菌學家

了解真菌界之路既漫長又艱辛。古希臘羅馬時期認為閃電會產生蕈菇，直到十八世紀中葉，博物學家還是不大了解真菌。不過仍然有些小小的突破，逐漸釐清真菌的定義，演變為今日真菌學家所知的樣貌。

真正研究出進展的第一位科學家，是義大利的皮耶・安東尼奧・米凱利（1679-1737），他不只最早描述子囊裡和擔子上的孢子（見10頁）並繪製出來，而且證明了孢子能長出新的真菌。不過對他所處的時代而言，米凱利的研究太過前衛，他大部分的成果並沒有發表。幸好他遺留下的知識至今仍然隨著他創建的名詞而長存世間，包括麴黴屬、籠頭菌屬、毛黴屬、鬼筆屬、多孔菌屬和柄銹菌屬。

「現代分類學之父」卡爾・林奈（1707-1778）其實沒讓真菌研究進步，反而倒退了。他對真菌的觀念混淆，因此把真菌納入植物界，把種類差異極大的真菌歸到同一個屬之下。

早期的真菌學家研究的部分生物（例如露菌病菌和黏菌），現在科學家已知道並不是真菌，不過仍然以真菌稱呼。比方說，邁爾斯・約瑟夫・伯克利牧師（1803–1889）是英國真菌學的開創者，他的真菌收藏為英國皇家植物園的真菌博物館揭開了序幕。他因為調查馬鈴薯晚疫病的成因而聲名大噪，正是這種病害導致了一八四五到一八四九年間愛爾蘭的大饑荒。伯克利確認了罪魁禍首是我們現在所知的一種露菌病——馬鈴薯晚疫黴。亞瑟・李斯特（1830-1908）和女兒古列爾瑪（1860-1949）花了大約五十年的時間，小心翼翼地觀察、描繪黏菌，出版了《黏菌專論》，插圖精美豐富，發行三版。在這些早年的觀察之後，我們對真菌界的了解持續演變，現在更清楚真菌是什麼了（見第8頁）。

圖 片 解 說

1.馬鈴薯晚疫黴
學名：*Phytophthora infestans*
顯露病徵的 a)葉子 b) 馬鈴薯
c) 孢囊柄和孢子囊
我們現在知道，造成馬鈴薯晚疫病和其他所謂「露菌病」的病原體其實是藻類，不過這些藻類不含植物都有的葉綠體（進行光合作用的胞器）。由於這些藻類能形成類似真菌的菌絲和孢子，所以過去被視為真菌。

2.黏菌
黏菌並沒有共通的祖先，但通常被分為一類，稱為變形蟲目。
a) 多頭絨泡黏菌的變形體時期
這時黏菌形成單細胞的分支網絡構造，會尋找食物並攝食。即使沒有神經系統，這些單細胞的生物體似乎也能集體溝通，了解它們找到的物質。環境潮溼時，會迅速形成變形體。
b) 絨泡黏菌屬的產孢構造
環境變乾燥的時候，變形體會變成產孢構造。

c) 香蒲髮菌
學名：*Comatricha typhoides*
d) 黑髮黏菌
學名：*Comatricha nigra*
e) 光果黏菌
學名：*Leocarpus fragilis*
f) 盤基網柄菌
學名：*Dictyostelium discoideum*
盤基網柄菌在實驗室環境中培養時長得很好，用於遺傳學研究。
g) 杯狀半網黏菌
學名：*Hemitrichia calyculata*
圖中畫出三個發展階段

植物病原體

雖然大部分的真菌都在生態系中扮演回收養分再利用的有益角色，但有些真菌採取不同的生活方式，會傷害互動的植物。攻擊植物的真菌（真菌性植物病原體）是作物損害的主因，會對農業造成嚴重的經濟損失，甚至威脅我們的食物供應。人類是否成功對抗這些真菌，會影響商店裡一般食物的價格。六大糧食作物之中，估計有百分之八到二十一是因為真菌病原體而損失，另外百分之十是在作物收穫之後毀壞。

新的植物病原體常常出現，不過人類早從古代就已知道植物病原體的存在。亞里斯多德的學生泰奧弗拉斯托斯很早就留下對真菌銹病的描述。十七世紀的歐洲，農民觀察到小麥田邊生長的小檗，和小麥受到莖銹病損害的程度有關連。這是非常珍貴的洞見，現在農夫知道小檗是小麥莖銹病（禾柄銹菌）的寄主，挖除摧毀小檗是控制銹病的有效辦法。

真菌感染植物的策略分成三大類。真菌可能感染植物，靠著植物的養分而活，同時讓植物繼續活下去（活體營養型），也可能立刻殺死植物，消化植物的殘骸（死體營養型），或一開始是活體營養型，但之後轉換成死體營養型的生活方式。真菌孢子落在植物上時，就開始了感染的過程。孢子會萌發菌絲（見16頁），菌絲在葉子表面蔓延，尋找進入葉片的途徑。有些真菌（例如銹病）會尋找自然的開口，例如讓水分進出植物葉子的氣孔。其他真菌會用硬化的菌絲尖端穿過葉表。真菌病原體進入植物之後，就會干預植物自我防禦的能力。比方說，死體營養型的病原體可能會釋放毒素殺死植物細胞，然後加以消化。即使植物想設法阻止感染，活體營養型的真菌病原體也會不顧植物意願，讓感染的組織繼續存活。

圖 片 解 說

1.小笠原靈芝
學名：*Ganoderma orbiforme*
這種真菌在東南亞的油棕園造成基腐病。小笠原靈芝會在受感染的樹幹上形成木質的菌蓋。

2.荷蘭榆樹病菌
學名：*Ophiostoma novo-ulmi*
這種真菌是造成荷蘭榆樹病的病原體中破壞力特別強的一種。有種小蠹蟲會在荷蘭榆樹樹皮中啃食出孔道，住在裡頭。這種昆蟲會散布荷蘭榆樹病菌。

3.可可叢枝病菌
學名：*Moniliophthora perniciosa*
這種病原體會感染可可樹，導致產量減少達九成。可可叢枝病菌不會被殺真菌劑傷害。

4.稻熱病菌
學名：*Pyricularia oryzae*
稻熱病菌會感染稻株，導致葉片上出現褐色病斑。每年因稻熱病而損失的稻米，可餵飽六千萬人。

5.奧氏蜜環菌
學名：*Armillaria ostoyae*
有些蜜環菌是樹木和灌木的主要病原體，會形成黑色束狀（根狀菌絲束），在土壤中蔓延，讓樹皮剝落。美國密西根州有一片高盧蜜環菌的菌落形成占據七十公頃森林的「巨型真菌」。一般認為那是地球上最大的生物體。

毒菇

雖然毒菇惡名昭彰，但很少真菌有劇毒。全球兩萬兩千種產菇的真菌之中，只有大約一百二十種有毒而且實際能造成危險，僅占總數的百分之零點五。另外九十種真菌可能讓一些人肚子不舒服，大約一百五十種有致幻的特性。此外，有些黴菌會產生劇毒物質，包括鐮孢菌屬，這一屬的真菌有潛力可用於生物戰。最危險的蕈菇之中，有些常見於溫帶地區（見32頁），有些可食蕈菇與毒菇親緣關係接近，而且外觀非常相似，甚至屬於同一個屬。大部分的中毒案例是把毒菇誤認為可食的近親，採集蕈菇食用時，一定要非常小心。誤食毒菇可能導致噁心、嘔吐，甚至痛苦的死亡。不過在歐洲，許多中毒事件發生在吃了絲蓋傘的狗身上，尤其是草坪上的土味絲蓋傘。

白蕈（毒鵝膏）的毒素會攻擊肝臟，吃下後可能過一天左右才會產生症狀。有些橙色的絲膜菌同樣令人討厭（尤其是毒絲膜菌），其中奧來毒素的影響可能需兩週以上才會顯現，導致腎衰竭，需要移植腎臟才能救回一命。

特別有趣的是麥角菌屬真菌產生的物質——麥角胺的效果，尤其是黑麥角菌，這種麥角菌的外觀是黑色彎刀形構造，在穀物和其他禾本科的穗上生長。麥角胺會干預神經系統，導致幻覺、發癢和灼熱感，也會使血管收縮，可能導致壞疽。

真菌演化而產生各式各樣的化學物質，有些沒有毒性，對人類有很大的益處，例如環孢素、盤尼西林和史他汀類藥物（見56頁）。我們不大清楚許多天然產生的化學物質的作用，但許多都極可能是為了防止昆蟲攻擊，或用作抗生素，抑制細菌和寄生性微型真菌生長。

圖 片 解 說

1.魔鬼牛肝菌

學名：*Rubroboletus satanas*

a) 外觀

b) 剖面圖

取魔鬼之名，是因為菌柄呈鮮紅色，而且有毒，即使只食用很少量，也可能導致嘔吐、脫水。菌肉如果切開或撞到會變成藍色。

2.鹿角肉座殼菌（火焰茸）

學名：*Trichoderma cornu-damae*

這種致命的真菌生長在亞洲部分地區，是世界上毒性最強的真菌之一。醒目的紅色子實體很像鹿角。

3.黑麥角菌

學名：*Claviceps purpurea*

a) 子實體放大圖

b) 裸麥上的麥角

麥角中毒是已知最早的真菌中毒案例之一，中毒紀錄至少可以追溯至西元前六百年。在十三、十四世紀的歐洲，裸麥是用來做麵包的主要作物，因此麥角中毒時常影響整個聚落。一六九二年美國麻州賽林鎮發生的女巫審判與處刑，很可能就是麥角造成幻覺的特性導致的結果。

4.鱗柄白鵝膏

學名：*Amanita virosa*

這種致命的蕈菇生長在歐洲各地的林地，在夏秋兩季很顯眼。子實體是純白色。

5.白蕈（毒鵝膏）

學名：*Amanita phalloides*

這種致命毒菇的毒素中，鵝膏蕈鹼會抑制一種關鍵的酵素，因此干預細胞最基本的運作，可能導致細胞死亡。這種特性有攻擊癌細胞的潛力，所以科學家正在研究。

6.鹿花菌

學名：*Gyromitra esculenta*

有毒的鹿花菌和可以吃的羊肚蕈（真羊肚蕈，見54頁）很像，因此鹿花菌的英文俗名就稱為「假羊肚蕈」。

1a   *1b*   2

3b

3a

4   5   6

食用菇

人類食用真菌的歷史悠久。我們知道最晚從石器時代起，蕈菇就是一種食物來源，不過人類大概更早之前就開始吃蕈菇了。古羅馬時期，橙蓋鵝膏是皇帝的珍饈。瑞典的卡爾十四世·約翰國王教他的子民享用美味牛肝菌這種美食，因此美味牛肝菌又稱卡爾約翰菇。

我們取食某些蕈菇的原因，常常是基於文化和傳統。比方說，歐洲可以區分成主要恐菇（害怕蕈菇）的西方地區和戀菇（喜愛蕈菇）的東方與地中海地區。西方地區時常認為真菌可能有毒，而東方與地中海地區會食用的蕈菇種類較多。比方說，東歐和西班牙常吃幾種白乳菇（乳菇屬），但恐菇的西方地區卻認為白乳菇不能食用。

幾世紀來，我們靠著試誤學習，學到哪些真菌可以吃。利用現代科學方法來研究真菌時，偶爾可能也會得到新知。過去人們曾認為醜乳菇可食，但現在已知含有導致基因突變的物質。

食用菇每年的全球市場價值約一兆兩千多億新台幣（包括野生和栽培的蕈菇）。幾乎所有人工栽培的真菌都是分解者，都很容易在有機物遺骸上生長，洋菇就是其中一例。不過，許多最可口的菇類珍饈（例如牛肝菌）是菌根菌，會和植物共生，非常難栽培。有些例外（例如黑松露）生長在地下，可以用櫟樹（櫟屬）栽培。

全球採集來作食物的真菌有至少三百五十種。最常採集的野生蕈菇是紅菇（紅菇屬）、乳菇（乳菇屬）、牛肝菌（牛肝菌屬）、傘菌（鵝膏屬）和雞油菌（雞油菌屬）。

不過採集野生蕈菇的人千萬要非常小心，因為有些食用菇會讓部分人產生過敏反應。有些可以吃的蕈菇也很像有毒的物種。從受汙染的地區採集食物也不安全，因為土壤中的重金屬可能在蕈菇中累積。

圖 片 解 說

1. 松茸
學名：*Tricholoma matsutake*
松茸生長在亞洲、歐洲和北美的針葉林。這種真菌在日本已有數千年的食用歷史，很受重視。

2. 洋菇
學名：*Agaricus bisporus*
通常是人工栽培，但也自然生長在草原，尤其是北美的草原。

3. 雞油菌
學名：*Cantharellus cibarius*
雞油菌可在歐洲找到，是最容易辨識的一種食用蕈菇。

4. 黑孢塊菌（黑松露）
學名：*Tuber melanosporum*
南歐的黑孢塊菌是世界上最昂貴的食用蕈菇之一。

5. 橙蓋鵝膏
學名：*Amanita caesarea*
橙蓋鵝膏生長在南歐和北非（參見第8頁）。

6. 羊肚蕈
學名：*Morchella esculenta*
羊肚蕈在歐洲很常見，外型有點類似有毒的鹿花菌（見52頁）。

7. 啤酒酵母菌
學名：*Saccharomyces cerevisiae*
啤酒酵母菌最初很可能是從葡萄皮上分離出來的。

8. 洛克福耳青黴菌（藍酪黴菌）
學名：*Penicillium roqueforti*
這是製作藍紋乳酪的必要成分，自從西元五十年人類就已開始食用。

9. 澤勒牛肝菌
學名：*Xerocomellus zelleri*
這種可食用的牛肝菌生長在北美洲的西部。

10. 薄葉肺衣
學名：*Lobaria linita*
肺衣屬的幾種地衣可以加進肥皂，或作為藥用。

神奇靈藥

在人類發現的藥物之中，有些最重要的藥物來自真菌。世界各地的科學家都在研究真菌，希望找到下一個救命仙丹。讓一些真菌在人類藥物中藥效強大的特性，可能在野外也扮演重要角色，例如使競爭同樣資源的細菌不易生長。有些真菌重新定義了藥物的能耐，最著名的就是盤尼西林。

盤尼西林的故事始於一九二〇年代微生物學家亞歷山大‧弗萊明位在倫敦的實驗室。弗萊明的培養皿中培養的是葡萄球菌，不過意外遭到紅青黴菌汙染了。弗萊明注意到，葡萄球菌無法在紅青黴菌附近生長，他納悶黴菌是否製造了某種抑制其他細菌的化學物質。霍華德‧弗洛里和他在牛津的團隊進行了追蹤研究，辨識出這種抑制物質是盤尼西林，並且展現了盤尼西林治療細菌感染的驚人療效。

來自真菌的化學物質可以有效治療感染，這樣的體悟促使全球科學家開始尋找能製造其他有用物質的真菌。頭孢子菌素C就是因此發現的一種抗生素。頭孢子菌素C來自汙水出水口分離出的產黃頭孢菌。更近期的一個發現是抗真菌藥物「卡泊芬淨」，是由羅瑟亞串球孢黴產生的化學物質製成。

真菌也是免疫抑制物的絕佳來源。免疫抑制物是抑制人類免疫系統反應的藥物，兩種重要的免疫抑制物——環孢素和多球殼菌素都來自生長在昆蟲幼蟲體內的真菌。這些抑制物會抑制動物的免疫系統，但讓動物活著，成為真菌的養分來源。環孢素能防止免疫系統排斥移植器官，因此使得器官移植變得可行。多球殼菌素則經過處理，成為治療多發性硬化的特效藥。

此外還有史他汀類藥物，其中歷史最早的洛伐他汀是從土麴黴分離出來的。洛伐他汀的發現促進了泛史他汀類藥物的發展。這類藥物會抑制膽固醇合成，減少心血管疾病的機率。這樣的發現令人不禁好奇：下一個真菌靈藥會在哪裡找到呢？

--- 圖 片 解 說 ---

1. 羅瑟亞串球孢黴
學名：*Glarea lozoyensis*
生長在培養皿上的菌落
這種真菌是從西班牙中部山區的溪流中分離出來的。

2. 紅青黴菌
學名：*Penicillium rubens*
a) 生長在培養皿上的紅青黴菌落
b) 光學顯微鏡下的外觀

3. 多孔木黴
學名：*Tolypocladium inflatum*
這種真菌會感染金龜子，產生抑制免疫的環孢素，一般相信這種化學物質有助於入侵金龜子的免疫系統。從前器官移植時，接受者的免疫系統會排斥移植的器官，導致移植手術難以成功。而環孢素能抑制人類的免疫系統，因此為器官移植的領域帶來革命性的進展。

4. 土麴黴
學名：*Aspergillus terreus*
a) 生長在培養皿上的菌落
b) 光學顯微鏡下的外觀
洛伐他汀除了會影響人類，也有抗真菌的特性，顯示這種物質在自然中的角色可能和抑制競爭真菌有關。

5. 辛克萊棒束孢
學名：*Isaria sinclairii*
感染的蟬稚蟲
這種真菌會產生多球殼菌素，能抑制免疫系統。多球殼菌素和環孢素一樣，目前認為能幫助真菌侵入寄主的免疫系統。多球殼菌素啟發科學家發明一種合成的衍生物，名叫芬戈莫德。這是治療多發性硬化症（一種自體免疫疾病）的新特效藥。

環境：熱帶森林

踏進熱帶雨林，最先注意到的（除了繁忙吵雜的蟲鳴）就是雨林中茂盛多樣的植被和各式各樣的葉形與樹高。雨林中的樹木長得極度密集，每公頃大約有一百五十到兩百種樹，溫帶森林則只有五到十種樹。雨林的樹木終年青翠，沒有明顯的季節之分，所以菇類不會在秋天時大量迸發，而是整年陸續長出。

北方森林與溫帶森林（見18、32頁）的樹木幾乎都是外生菌根（36-39頁），而熱帶森林中的樹木通常會和種類較少的內生菌根菌形成共生。這不表示熱帶森林的真菌種類不多。科學家估計，熱帶森林中任一地方的真菌數量，可能是植物數量的六到七倍。因此熱帶是神奇的地方，能發掘許許多多未曾探索的真菌——畢竟熱帶的植物可比溫帶地區多了不少。

許多熱帶樹木的葉子可以存活好幾年，長出宛如拼布的特定微型真菌，包括會形成地衣的真菌（見30頁）。高大的樹幹可能長滿喜好生活在遮蔭處的殼狀地衣，形成馬賽克般的斑駁圖樣，這些地衣有部分會長到樹皮內。而落在林地上的大量枝幹和落葉，則被真菌分解。熱帶最醒目的是顏色鮮豔的毛杯菌屬真菌。

熱帶森林的昆蟲非常多（尤其是甲蟲），有些昆蟲的外骨骼會有迷你真菌像小毛刷一樣伸展，蟲子的內臟則能發現多種科學還不了解的酵母菌。

圖片解說

1. 粉紅菇
學名：*Pleurotus djamor*
這種真菌是腐生，會分解有機質。

2. 多極孢衣
學名：*Letrouitia domingensis*

3. 略簡龍爪菌
學名：*Deflexula subsimplex*
這是一種枝瑚菌。這種高度特化的蕈菇外型像蠕蟲，長在樹幹上。

4. 紅環繞枝星裂菌
學名：*Herpothallon rubrocinctum*
這種殼狀地衣生長在熱帶和亞熱帶陰溼森林裡的樹幹上。英文俗名稱為聖誕環地衣，靈感來自同心圓的紅綠環帶。

5. 紫光絲膜菌
學名：*Cortinarius iodes*
紫光絲膜菌屬於外生菌根菌，菇體具有黏滑的紫色菌蓋和黃色斑點。

6. 紫晶蠟蘑
學名：*Laccaria amethystina*
這種菌根菌也會生長在溫帶地區。

7. 靛藍乳菇
學名：*Lactarius indigo*
靛藍乳菇和乳菇屬的所有真菌一樣，菌體被切割或破裂時會流出乳狀汁液。靛藍乳菇的乳汁是靛藍色。

8. 金黃鱗蓋傘（粗糙鱗蓋傘）
學名：*Cyptotrama asprata*
所有熱帶地區都能見到這種腐生真菌生長在大小樹枝上。

9. 藍色伏革菌
學名：*Terana coerulea*
這種鈷藍色的皮殼菌會在死去的樹枝上形成美麗的藍色皮殼。

10. 血紅密孔菌
學名：*Pycnoporus sanguineus*
屬於多孔菌，最常見於南半球的枯木上。

11. 蒙氏裸腳傘
學名：*Gymnopus montagnei*

12. 橘黃毛杯菌
學名：*Cookeina speciosa*
（見22頁）

13. 橙黃乳金錢菌
學名：*Lactocollybia aurantiaca*

14. 紅蓋小皮傘
學名：*Marasmius haematocephalus*

15. 青綠溼傘
學名：*Gliophorus psittacinus*

菌菇博物館

圖書室

索引
策展人簡介
延伸閱讀

索引

國際自然保育聯盟紅色名錄瀕危物種 IUCN Red List of Threatened Species
基腐病 Basal stem rot
密枝瑚菌 Upright coral; Ramaria stricta
接合孢子 zygospore
接合孢子囊 zygosporangium; zygosporangia
接黴屬 Zygorhynchus sp.
條紋白蟻傘* termite mushroom; Termitomyces striatus
條紋紅黴菌* Neurospora lineolata
梨囊鞭菌 Piromyces communis
梭柄金錢菌* spindle toughshank; Gymnopus fusipes
深綠紅菇* Russula viridofusca
瓶毛縫殼菌* Lophotrichus ampullus
產孢構造 spore-bearing structure
產孢體 gleba
產黃頭孢菌* Acremonium chrysogenum
略簡龍爪菌 Deflexula subsimplex
硫磺菌 chicken of the woods; Laetiporus sulphureus
粗餅乾衣* Rinodina confragosula
粗糙鱗蓋傘; 金黃鱗蓋傘 Cyptotrama asprata
細柄半網菌; 杯狀半網黏菌 Hemitrichia calyculata
細絲黑團孢黴 Periconia byssoides
荷蘭榆樹病 Dutch elm disease
荷蘭榆樹病菌 Ophiostoma novo-ulmi
蛇形蟲草屬 Ophiocordyceps
袋形地星 rounded earthstar; Geastrum saccatum
鹿角肉座殼菌; 火焰茸 Kaentake; Trichoderma cornu-damae
鹿花菌 false morel; Gyromitra esculenta
麥考溫膠殼煤菌* Parenglerula macowaniana
麥角胺 ergotamine
麥角菌屬 Claviceps
傘形地衣臍菇 Umbrella basidiolichen; Lichenomphalia umbellifera
喙 rostrum
單孢蓋倫菌* Calenia monospora
壺毛蠟* Tricharia urceolata
壺菌門 Chytridiomycota
普通硬皮馬勃 common earthball; Scleroderma citrinum
智利暗盤菌* Plectania chilensis
棉革菌屬 Tomentella
《植物種誌》 Species Plantarum
游動精子 spermatozoid
發芽縫 germ slit
硬梗小皮傘 fairy ring fungus; Marasmius oreades
紫光絲膜菌 spotted cort; Cortinarius iodes
紫多孢銹菌* common rust fungus; Phragmidium violaceum
紫晶蠟蘑 Amethyst deceiver; Laccaria amethystina
紫絨絲膜菌 violet webcap; Cortinarius violaceus
絲蓋傘（屬）fibrecap; Inocybe
絲膜菌屬 Cortinarius
菌生真菌 fungicolous fungus
菌核 sclerotia
菌毯 mantle
菌絲球 gongylidium; gongylidia
菌絲球白環蘑* Leucoagaricus gongylophorus
菌絲團 peloton
菌絲體 mycelium
菌膜 veil
菌褶 gill
裂芽 isidia
裂冠孢殼菌* Corollospora lacera
象鼻蟲科 Curculionidae
象鼻蟲草 Ophiocordyceps curculionum
隆紋黑蛋巢菌 bird's nest fungus; Cyathus striatus
雅緻四刺孢* Tetrachaetum elegans

黑孢松露 black truffle; Tuber melanosporum
黑麥角菌 Claviceps purpurea
黑腐病 black rot
黑盤灰衣 Tephromela atra
黑髮黏菌 Comatricha nigra

13～16劃

塊菌 truffle
奧氏蜜環菌* dark honey fungus; Armillaria ostoyae
奧地利肉杯菌* scarlet elf cup; Sarcoscypha austriaca
奧來毒素 orellanine toxin
奧茲塔爾阿爾卑斯山脈 Ötztal Alps
微孔麻孢殼* Gelasinospora micropertusa
微孢子蟲門* Microsporidia
榆生黑孔菌 giant elm bracket; Rigidoporus ulmarius
溼傘（屬）waxcap; Hygrocybe spp.
矮柳 dwarf willow; Salix herbacea
矮紅菇* alpine brittlegil; Russula nana
葉生真菌 Foliicolous
葉狀體 thallus
葡萄球菌屬 Staphylococcus
蒂腐病 stem-end rot
蛹蟲草 caterpillar fungus; StaphylococcusCordyceps militaris
達爾文菌* Darwin's fungus; Cyttaria darwinii
滴流花耳* Common jellyspot fungus; Dacrymyces stillatus
管形喇叭菌* yellowfoot; trumpet chanterelle; Craterellus tubaeformis
綠木黴菌* Trichoderma viride
綠杯盤菌* green elf cup; Chlorociboria aeruginosa
綠粉果衣* pin lichen; Calicium viride
網足 hyphopodia
網紋馬勃 common puffball; Lycoperdon perlatum
聚篩蕊 Cladia aggregata
腐生 saprotroph
蒙氏裸腳傘* pod parachute; Gymnopus montagnei
蒿草屬 Kobresia
盤基網柄菌* Dictyostelium discoideum
稻熱病 rice blast disease
稻熱病菌 Pyricularia oryzae
線蟲 roundworm; nematode; eel-worm
緣毛 cilia
膠耳角（屬）staghorn; Calocera
膠質菌類 jelly fungus
褐眼雜髓衣* Letharia columbiana
褐絨蓋牛肝菌 Xerocomus badius
輪葉上衣* Strigula orbicularis
擔子 basidium; basidia
擔子果 basidiomata
擔子柄 sterigmata; sterigma
擔子菌地衣 Basidiolichen
擔子菌門 Basidiomycota
擔子菌綱 Basidiomycetes
擔孢子 basidiospore
橘黃毛杯菌* Cookeina speciosa
橙色樺木疣柄牛肝菌* orange birch bolete; Leccinum versipelle
橙黃乳金錢菌* Lactocollybia aurantiaca
橙黃網孢盤菌* orange peel fungus; Aleuria aurantia
橙蓋鵝膏 Caesar's mushroom; Amanita caesarea
橢圓螺旋孢絲孢菌* Helicoon ellipticum
澤勒牛肝菌* zeller's bolete; Xerocomellus zelleri

雕刻禿馬勃* sculpted puffball; Calvatia sculpta
霍華德‧弗洛里 Howard Florey
靛藍乳菇 indigo milkcap; Lactarius indigo
頭切葉蟻 Atta cephalotes
頭孢子菌素C cephalosporine C

17劃以上

牆石黃衣酸* parietinic acid
環孢素 cyclosporin
癌腫叢赤殼菌* Neonectria ditissima
糞柄孢殼菌 Podospora fimiseda
薄葉肺衣 cabbage lungwort; Lobaria linita
賽林鎮 Salem
邁爾斯‧約瑟夫‧伯克利 Miles Joseph Berkeley
醜乳菇* ugly milkcap; Lactarius turpis
隱真菌門* Cryptomycota
黏菌 slime mould
黏菌門 Myxomycota
《黏菌專論》 Monograph of the Mycetozoa
黏菌屬 Physarum
黏滑菇（屬）poisonpie; Hebeloma
黏綠乳菇* slimy milcup; beech milkcup; Lactarius blennius
黏膠角耳 yellow stagshorn; Calocera viscosa
點柄乳牛肝菌 Weeping bolete; Suillus granulatus
叢枝狀體 arbuscule
叢枝菌根 arbuscular mycorrhiza
擴展青黴菌 blue mould rot fungus; Penicillium expansum
簡單小薹草 false sedge
翹鱗傘* shaggy scalycap; Pholiota squarrosa
藍色球蓋菇* blue roundhead; Stropharia caerulea
藍色麗殼菌* cobalt crust; Terana coerulea
藍酪黴菌; 洛克福耳青黴菌 Penicillium roqueforti
藍綠菌地衣 cyanolichen
雞油菌 chanterelle; Cantharellus cibarius
雞油菌屬 Cantharellus
雞冠石蕊 Cladonia cristatella
鵝膏蕈鹼 amanitin
鵝膏屬 Amanita
櫟牛舌孔菌* oak polypore; Buglossoporus quercinus
櫟乳菇* oak milkcap; Lactarius quietus
櫟扁枝衣* oakmoss lichen; Evernia prunastri
櫟屬 Quercus
羅茲壺菌屬 Rozella sp.
羅瑟亞串球孢黴* Glarea lozoyensis
蟻蟲瘋黴* Pandora formicae
類精哈克尼斯黴* Harknessia spermatoidea
麴黴屬 Aspergillus
蠟殼菌屬 Sebacina
蠟蘑屬 Laccaria
鐮孢菌屬 Fusarium
露菌病 downy mildew
魔鬼牛肝菌* Satan's bolete; Rubroboletus satanas
囊泡 vesicle
彎柄小菇 clustered bonnet; Mycena inclinata
籠頭菌屬 Clathrus
變形蟲目 Amoebozoa
變形體時期 plasmodium stage
鱗柄白鵝膏 destroying angel; Amanita virosa
驢耳狀側盤菌* Hare's ear; Otidea onotica

編註：*為暫定譯名，在臺灣尚未有通用譯名

策展人簡介

凱蒂・史考特（Katie Scott）繪出暢銷的《動物博物館》和《植物博物館》，其中後者也是和英國皇家植物園合作的成果。《動物博物館》獲得臺灣第七十一梯次好書大家讀、二〇一四年《週日泰晤士報》年度童書、英國國家圖書大獎年度童書等重要獎項。史考特曾在布萊頓大學學習插畫，受到恩斯特・海克爾精緻的畫作啟發，獨特的風格讓各界爭相合作，她的合作對象包括臺北國際設計大展、Hermès、H&M、Nike、紐約時報、BBC、日本花藝藝術家東信等。

湯姆・普萊斯考特（Tom Prescott）是皇家植物園的研究組長。他工作的重點是調查植物和真菌中的天然化學物質，特別注重這些物質對人體細胞和真菌的模型物種（即啤酒酵母菌）的影響。他也會去巴布亞紐幾內亞研究偏遠部落使用的藥用植物。

伊斯特・蓋亞（Ester Gaya）是皇家植物園的資深研究組長。她起初在西班牙研究真菌學，在美國待了一段時間之後，決定在英國定居。過去二十年來，她都在研究真菌，特別鍾情於地衣，想要了解地衣的演化。

勞拉・M・蘇斯（Laura M. Suz）是皇家植物園的真菌研究組長。她花了將近二十年的時間挖掘樹根，研究樹根的外生菌根。蘇斯的博士學位是在西班牙研究食用塊菌（松露）。她在二〇一〇年搬到倫敦，研究和櫟樹共生的真菌，以及這些真菌種類多樣性受到什麼威脅。

大英帝國司令勳章得主，**大衛・L・霍克斯沃斯（David L. Hawksworth CBE）**教授對真菌學有著廣泛、純粹而且實用的興趣。他曾任國際真菌學組織會長，也是國際真菌協會的榮譽主席、英國皇家植物園的榮譽研究員。

佩平・W・科艾（Pepijn W. Kooij）在巴拿馬的炎熱熱帶地區研究會栽培真菌的螞蟻。科艾出生於荷蘭，去動物園都在看切葉蟻。他的博士學位是在丹麥取得的。二〇一五年，他搬到倫敦，想證明不是螞蟻在栽培真菌，而是真菌在豢養螞蟻。

凱爾・利瑪坦南（Kare Liimatainen）是芬蘭的真菌學家，擁有赫爾辛基大學博士學位，曾在瑞典和美國工作。過去四年，他和同事合作，在英國發現了數十種新的真菌。他最快樂的記憶是幾次北美之旅，那時季節正好，他置身在大量美麗的真菌之間。

李・戴維斯（Lee Davies）的研究領域包括古生物學和無脊椎化石。他研究熱帶非洲植物一段時間之後，成為皇家植物園的真菌策展人。他現在住在一艘窄船上，在倫敦隨興而居。

延伸閱讀

真菌學會
英國地衣學會（British Lichen Society）
http://www.britishlichensociety.org.uk/
英國真菌學會（British Mycological Society）
https://www.britmycolsoc.org.uk
真菌保育信託（Fungus Conservation Trust）
http://www.abfg.org/
國際地衣協會（International Association for Lichenology）
http://www.lichenology.org
國際真菌協會（International Mycological Association）
http://www.ima-mycology.org/

第五界（The Fifth Kingdom）
這是布萊斯・肯德里克的暢銷真菌學教科書的線上版，有超過八百幅圖片和動畫。
http://mycolog.com/fthtoc.html

真菌物種（Species Fungorum）
這個網站由英國皇家植物園統籌建立，會提供真菌物種目前的名稱。如果你遇到不熟悉的名字，一定要去這裡查詢。
http://www.speciesfungorum.org/

英國皇家植物園（Royal Botanic Gardens, Kew）
請來了解皇家植物園在全球與許多研究人員合作的科學工作，他們的科學研究達成傑出的貢獻，協助人類解決幾項環境中最嚴重的危機。皇家植物園保有全球最大的真菌博物館，收藏了來自世界各地超過一百二十五萬個乾燥標本。
www.kew.org
www.kew.org/science-conservation
https://www.kew.org/science/ collections-and-resources/ collections/ fungarium

2018年全球真菌概況（State of the World's Fungi（2018））
由國際科學家編纂，皇家植物園發表，這份研究中有多種主題的內容都納入《菇菇博物館》之中。
https://stateoftheworldsfungi.org/

美國國家菌類標本館（US National Fungus Collections）
由美國農業部主持，擁有過去史密森尼學會保存的收藏。
https://data.nal.usda.gov/dataset/us-national-fungus-collections

維斯特迪克真菌生物多樣性研究中心（Westerdijk Fungal Biodiversity Institute），荷蘭烏特勒支
這個機構培養大約十萬種真菌，經營國際真菌協會擁有的「真菌銀行」資料庫（MycoBank）。
http://www.mycobank.org